Cornelia Topf | Rolf Gawrich

Das Führungsbuch für erfolgreiche Frauen

Cornelia Topf | Rolf Gawrich

Das Führungsbuch
für erfolgreiche Frauen

REDLINE | VERLAG

Bibliografische Information der Deutschen Nationalbibliothek
Die Deutsche Nationalbibliothek verzeichnet diese Publikation in der Deutschen Natio-
nalbibliografie.
Detaillierte bibliografische Daten sind im Internet über http://dnb.d-nb.de abrufbar.

Für Fragen und Anregungen:
topf@redline-verlag.de
gawrich@redline-verlag.de

7. Auflage 2014

© 2010 by Redline Verlag, ein Imprint der Münchner Verlagsgruppe GmbH, München,
Nymphenburger Straße 86
D-80636 München
Tel.: 089 651285-0
Fax: 089 652096

Redaktion: Leonie Zimmermann, Landsberg am Lech
Lektorat: Jana Stahl, Heidelberg
Satz: HJR, Jürgen Echter, Landsberg am Lech
Druck: Konrad Triltsch, Ochsenfurt
Printed in Germany

ISBN 978-3-86881-354-8
ISBN E-Book (PDF) 978-3-86414-301-4

Weitere Infos zum Thema:

www.redline-verlag.de

Gerne übersenden wir Ihnen unser aktuelles Verlagsprogramm.

Inhaltsverzeichnis

Anmerkung. 7

Vorwort zur überarbeiteten Auflage 9

Vorwort: Frauen auf dem Weg nach oben? 11

Einleitung: Keine muss sich verbiegen **17**

Wir sind, was wir glauben. 17

Die Rolle, die Sie spielen 19

Die Rolle ausfüllen 20

Erfolgsfaktor I: Information **23**

  1   Information, die Mutter des Erfolgs 25

  2   Frauen verschenken gute Ideen 35

  3   Männer sagen nicht die Wahrheit 53

  4   Nutzen Sie weibliche Informationsstärken. 67

Erfolgsfaktor II: Delegation **75**

  5   Wenn Männer Frauen für sich arbeiten lassen 77

  6   Können Frauen delegieren? 90

Erfolgsfaktor III: Führung und Motivation **121**

  7   Frauen führen andeutungsweise 123

  8   Die Angst vor Konflikten. 136

  9   Die beziehungsorientierte Führung 150

10   Kritische Führungselemente 160

11   Sechs Führungsvorteile für Frauen. 168

Erfolgsfaktor IV: Gesundes Durchsetzungsvermögen. **177**

12   Überwinden Sie Karrierebarrieren. 179

13   Was erfolgreiche Frauen erfolgreich macht 194

14   Die Spiele der Männer. 223

Erfolgsfaktor V: Kontrolle und Kritik 239

15   Wer kontrolliert, führt 241

16   Lernen Sie, Kritikgespräche zu führen 248

17   Mit Kritik umgehen 258

18   Veränderungsstrategien. 265

19   Self-Coaching für Frauen 277

20   Endlich oben – und was nun? 289

Stichwortverzeichnis. 301

Über die Autoren 304

Anmerkung

Um das Arbeiten mit diesem Buch für Sie möglichst einfach und effizient zu gestalten, haben wir wichtige Textpassagen mit folgenden Icons gekennzeichnet:

 Achtung, wichtig

 Aufgabe, Übung

 Das sollten Sie auf jeden Fall vermeiden.

 Beispiel

 Tipp

Je wichtiger ein Thema ist,
desto lustiger muss man es behandeln.
Heinrich Heine

Vorwort zur überarbeiteten Auflage

Wer hätte gedacht, dass das Führungsbuch für freche Frauen in so kurzer Zeit ein so großer Verkaufsschlager wird? In aller Bescheidenheit: Wir!

Seit Jahr und Tag coachen und trainieren wir Frauen in und kurz vor Führungspositionen. Es sind immer wieder dieselben Probleme, die beklagt werden. Wenn passend dazu dann die Problemlösungen in Buchform erscheinen, ist es nur einleuchtend, dass viele berufstätige Frauen zugreifen. Das ist übrigens nicht nur hierzulande so. Das Problem der Benachteiligung von Frauen im Berufsleben ist international. Und international ist auch die Tatsache, dass Frauen gewillt sind, sich diesem Problem offensiv zu stellen. Dies zeigt der Umstand, dass unser Buch, in der Zwischenzeit auch in Korea und Taiwan erschienen, eine hohe Auflage erreicht hat.

Sehr viele Frauen haben uns auf ihre Lektüre hin Rückmeldung gegeben und tun es heute noch – an dieser Stelle nochmals herzlichen Dank dafür. Viele schreiben, dass die Lektüre ihnen „die Augen geöffnet" habe und sie dadurch auf eigene Fehler und Schwächen aufmerksam wurden. Erfreulich viele haben daraus genau den richtigen Schluss gezogen: „Das ändere ich jetzt!" Und das wollten wir erreichen! Etliche fühlten sich durch das Buch „zum Ausprobieren und Experimentieren" angeregt. Und viele schrieben auch, dass sie „schon nach den ersten Versuchen dafür

belohnt wurden". Genau das ist unsere Erfahrung: Wer es ausprobiert, wird auch belohnt. Eine ganze Menge Leserinnen berichten uns, dass sie das Buch von ihrem Partner geschenkt bekamen und bei der gemeinsamen Lektüre nun oft schmunzelnd über den Seiten sitzen.

Viele Frauen äußerten sich auch positiv über die „direkte, unverblümte, offene und ehrliche Sprache". Auch da liegt ein Hase im Pfeffer: Viele Frauenratgeber befleißigen sich einer derart verschlüsselten und schöngebogenen Sprache, dass frau nichts draus lernen kann. Wenn die fiesen Spielchen, die manche Männer manchmal mit weiblichen Berufstätigen treiben, nicht fiese Spielchen genannt werden dürfen, dann ist das erstens glatte Zensur und bringt uns zweitens auch nicht weiter. Ein klarer Geist braucht eine klare Sprache.

Der Erfolg gibt uns Recht. Viele Leserinnen haben sich nach der Lektüre des Buches endlich durchgesetzt, sich attraktive Projekte geangelt, schwelende Konflikte beigelegt, können endlich Nein sagen, kommen nun mit Mitarbeitern, Kollegen, Kunden und Chefs besser klar, bekommen mehr Anerkennung für ihre Leistung oder haben sogar die nächste Stufe der Karriereleiter erklommen. Das ist unsere Botschaft: Erfolg ist möglich!

Es reicht leider nicht für Anerkennung und Erfolg, wenn Sie gute Arbeit leisten und gut mit den Kollegen auskommen. Wenn Fleiß allein genügen würde, wären 80 Prozent aller Führungskräfte Frauen – denn Frauen sind im Schnitt sehr viel fleißiger als Männer. Doch Fleiß reicht eben nicht, wie die Frauen aller Länder in den letzten hundert Jahren schmerzhaft bewiesen haben: Wer es im Beruf und in einer Führungsposition zu etwas bringen will, wer auch nur in Harmonie mit Kollegen und Mitarbeitern arbeiten möchte, braucht unabdingbar jene fünf Fähigkeiten, die Sie auf den folgenden Seiten kennen und anwenden lernen werden.

Viel Freude, Erfolg und Anerkennung dabei wünschen Ihnen Ihre

Cornelia Topf und *Rolf Gawrich*

Vorwort:
Frauen auf dem Weg nach oben?

Noch immer ist es für eine Frau wahrscheinlicher,
vom Blitz erschlagen zu werden,
als in den Vorstand eines deutschen Großkonzerns aufzurücken.
Ursula Kleiner, Abteilungsleiterin

Möchten Sie weiterkommen? Wer möchte das nicht. In unserer heutigen sogenannten modernen Zeit wollen fast alle Frauen beruflich vorankommen, erfolgreich sein, sich auch im Job verwirklichen, sich vom Leben das holen, was sie sich wünschen.

Doch noch immer schaffen es leider nur die wenigsten tatsächlich – auch wenn alle fünf Jahre ein Publikumsblatt schlagzeilenträchtig verkündet, dass Frauen „mächtig im Kommen" seien. Sie sind es nicht. Betrachtet man die Reihen deutscher Führungskräfte, sind Frauen immer noch in der krassen Minderheit. Wohlgemerkt: 50 Prozent der erwerbstätigen Deutschen sind Frauen. Raten Sie mal, wie viele davon im Management sitzen. Sie werden nie darauf kommen. Leider ist es aktenkundig: „Laut Deutschem Institut für Wirtschaftsforschung (DIW) stagniert der Frauenanteil unter den Führungskräften seit Jahren bei spärlichen und im internationalen Vergleich peinlichen 27 Prozent."

Es hat sich in den letzten 40 Jahren nicht viel geändert. Vor 40 Jahren nahm mich mein Vater manchmal auf seine Geschäftsreisen mit. Wie die Frauen in der Arbeitswelt behandelt wurden, gefiel mir schon damals nicht besonders gut. Damals beschloss ich: Da mache ich nicht mit. Mit so wenig gebe ich mich nicht zufrieden. Inzwischen habe ich es nach gesellschaftlichen Standards „geschafft". Ich bin erfolgreiche Beraterin, Trainerin und

Coach; habe mein eigenes kleines Unternehmen. Ich gelte in Unternehmerkreisen als Expertin für Erfolgskommunikation. Ich halte Vorträge, veröffentliche Bücher und Fachbeiträge. Ich sitze mit Vorständen und Geschäftsführern an einem Tisch. Für mich hat sich vieles zum Besseren verändert. Für die meisten Frauen nicht.

Noch immer verhalten sich „die Männer" genauso wenig souverän wie vor 40 Jahren. Die Glass Ceiling, die Glasdecke bei der Beförderung in Unternehmen, ist heute bei den meisten deutschen Unternehmen noch genauso undurchlässig wie vor 30 Jahren: Ab einer bestimmten Hierarchiestufe ist für Frauen einfach Schluss. Die täglichen frustrierenden Nickligkeiten bestehen noch genauso wie vor 30 Jahren:

❑   Benutzen Sie Ihren hübschen Kopf doch mal zum Denken!
❑   Als Frau verstehen Sie das nicht.
❑   Typisch Frau, ihr fehlt eben die Härte fürs Business.

Noch immer sehe ich täglich um mich herum Frauen, wie sie in die typischen Frauenfallen des beruflichen Aufstiegs tappen – und getappt werden.

Wenn ich das sehe, denke ich bei mir: Wie viel Energie, Potenzial und Kraft gehen hier über einem völlig unsinnigen Konflikt verloren? Energie, die wir alle lieber in kreative Aufgaben stecken würden: in Sachfragen, in die „eigentliche" Arbeit, in unsere Persönlichkeit, die Beziehung, Familie, Gesellschaft ... Mich ärgert, dass Frauen nicht das bekommen, was sie sich wünschen, verdienen, sich bereits verdient haben. Mich stört nach wie vor, dass Männer es mehrheitlich weiterbringen als Frauen.

Übrigens: In diesem Buch werden Sie sehr oft Sätze lesen wie „Männer tun dies und jenes". Natürlich tun nicht alle Männer das, sondern lediglich viele. Es gibt auch hoffnungsvolle Ausnahmen unter den Männern. Wir reden hier jedoch nicht über die Ausnahmen, sondern über den Regelfall. Den Regelfall, der dafür verant-

wortlich ist, dass die Eurostat-Statistik (s.o.) so aussieht, wie sie eben aussieht. Statistiken kann man leider nicht wegdiskutieren.

Wenn ich täglich erlebe, wie Frauen nicht das bekommen, was sie sich wünschen, finde ich das gleich doppelt bedauerlich. Zum einen deshalb, weil Männer offensichtlich als einziger Teil einer Spezies von der Evolution ausgenommen sind. Seit 100 Jahren haben sie mehrheitlich nichts dazugelernt. Auf der anderen Seite bin ich etwas erstaunt, dass ich über Frauen nicht viel Besseres zu berichten weiß: Auch wir haben nicht das gelernt, was wir brauchen, um das zu bekommen, was wir verdienen und uns wünschen. Dabei wäre es so einfach: Es fehlt uns nicht, wie immer wieder beschworen, an den „typisch männlichen" Fähigkeiten für den Erfolg im Business wie Durchsetzungsvermögen, Härte oder Zielorientierung. Es fehlt uns schlicht am nötigen Handwerkszeug. Dieses Handwerkszeug kann frau erwerben. Sich in einer Männerwelt das zu holen, was frau sich wünscht, ohne sich selbst für 'nen Appel und ein Ei zu verkaufen, benötigt Fähigkeiten, die genauso erlernbar sind wie Autofahren, Tennisspielen, Produktkenntnisse, Rhetorik oder Patchwork. Auf diesen Buchseiten werde ich Ihnen schildern, wie Sie genau diese Fähigkeiten erlangen können. Bei diesen Fähigkeiten handelt es sich nicht in erster Linie um solche abstrakten Talente wie „mehr Selbstvertrauen" oder „den inneren Kritiker überwinden", von denen die Frauenliteratur geradezu strotzt. Nein, wer in seinem Beruf weiterkommen will, für den sind diese übergeordneten Fähigkeiten zwar interessant, aber nur indirekt. Die konkreten Aufstiegsverhinderer liegen nämlich direkt vor unserer Nase, in unserer täglichen Arbeit.

Wenn wir wissen wollen, warum Männer es weiterbringen als Frauen, müssen wir nicht nach Persönlichkeitsmerkmalen, Selbstvertrauen oder inneren Stimmen suchen. Wir müssen uns einfach nur die Arbeit ansehen, die jede von uns täglich leistet. Dann ist klar, warum Frauen nicht das bekommen, was sie verdienen, obwohl sie oft mehr leisten als vergleichbare Männer: Männer und Frauen müssen zwar täglich dieselben typischen Aufgaben meistern. Sie müssen:

- ❑   sich und andere informieren,
- ❑   Arbeiten erledigen oder delegieren,
- ❑   sich und andere motivieren und führen,
- ❑   andere von ihren Ideen überzeugen,
- ❑   ihre Arbeit kontrollieren und kontrollieren lassen.

Bis hierher herrscht Gleichheit zwischen den Geschlechtern. *Was* beide tun müssen, ist für beide gleich. Doch *wie* sie es tun (die handwerkliche Ausführung sozusagen), macht den ganzen Unterschied:

- ❑   Männer informieren, delegieren, führen, überzeugen und kontrollieren auf eine Weise, die sie weiterbringt.
- ❑   Frauen informieren, delegieren, führen, überzeugen und kontrollieren auf eine Weise, die sie nicht so weit bringt.

Heißt das, dass Frauen selber schuld an der Misere sind? Nein. Es geht hier nicht um Schuldzuweisungen, denn Schuldzuweisungen führen zu nichts. Es geht einfach darum, den Tatsachen ins Auge zu schauen. Und Tatsache ist nun einmal, dass Männer nicht besser als Frauen sind, sondern lediglich die besseren Handwerkszeuge benutzen und daher schneller und leichter das bekommen, was sie wollen. Wenn wir unser Handwerkszeug etwas aufmöbeln, dann bekommen auch wir, was wir uns wünschen. Klingt einleuchtend, nicht wahr?

Was aber ist mit der täglich am Arbeitsplatz spürbaren Diskriminierung von Frauen? Was ist mit den sexistischen Bemerkungen? Frauen werden täglich die fürs Business nötigen Eigenschaften abgesprochen: „nicht hart genug", „kann sich nicht durchsetzen", „verliert zu schnell die Nerven". Was nützt es denn, wenn wir unser Handwerkszeug auf den neuesten Stand bringen und immer noch von solchen Vorurteilen in unserem Vorwärtskommen behindert werden? Das ist allerdings ein Problem.

Das Problem liegt jedoch erstaunlicherweise nicht an der anhaltenden Diskriminierung von Frauen am Arbeitsplatz. Denn wenn wir

mit Frauen sprechen, die „es geschafft" haben und dabei Frau geblieben sind, überrascht ein Phänomen besonders: Erfolgreiche Frauen erlebten zwar dieselben Diskriminierungen wie weniger erfolgreiche Frauen auch, doch sie empfanden diese nie als Diskriminierung, sondern immer als bewältigbare Herausforderung. Bei manchen Frauen ist dieses Empfinden so ausgeprägt, dass sie Diskriminierungen überhaupt nicht mehr als solche wahrnehmen. So sagt zum Beispiel die Regionalleiterin eines Handelsunternehmens: „Natürlich werde ich als Frau unter lauter Topmanagern noch immer skeptisch betrachtet, sobald ich mich irgendwo zum ersten Mal sehen lasse. Doch sobald die Männer merken, dass ich meinen Beruf beherrsche, wird aus der Skepsis Kollegialität und oft echte Freundschaft. Männer sagen mir oft: ‚Respekt, Sie haben echt was drauf!'"

Dies ist eine der wichtigsten Erkenntnisse, wenn wir uns mit erfolgreichen Frauen beschäftigen: Sie fühlen sich nicht diskriminiert, sie fühlen sich herausgefordert. Sie fühlen sich nicht unterlegen, sie haben volles Vertrauen in ihre Fähigkeit, gesteckte Ziele zu erreichen und sich ihre Wünsche zu erfüllen. Worauf gründet sich dieses Vertrauen? Eben auf das besagte Handwerkszeug. Erfolgreiche Frauen beherrschen einfach die Instrumente, die frau braucht, um vorwärtszukommen. Sie beherrschen ihr Handwerkszeug. Es wird Zeit, dass Sie Ihres beherrschen lernen.

Sind Sie bereit?

Einleitung:
Keine muss sich verbiegen

Wir sind, was wir glauben

So traurig es ist: Viele Frauen sind eben nicht bereit, ihr Handwerkszeug auf Vorderfrau zu bringen. Und das aus gutem Grund. Eine 32-jährige Produktmanagerin spricht für viele: „Ich will mich nicht auf diese schnöden Machtspiele einlassen. Ich will nicht so karrieregeil, verlogen und machtbesessen wie die Kollegen werden. Ich will ehrlich bleiben." Wer könnte diese Einstellung nicht teilen? Sie ist verständlich, sie ist menschlich. Wer möchte schon hart und karrieregeil sein? Leider hat diese so menschliche Frage einen Nachteil: Sie stellt sich nicht.

Machtbesessen?

Karrieregeil?

Verlogen?

Es geht beim Vorwärtskommen, bei der persönlichen Entfaltung im Beruf (und anderswo) überhaupt nicht darum, karrieregeil zu werden oder sich „zu verkaufen". Diese Optionen sind einfach nur polemisch übertrieben, aus der Luft gegriffen, irrelevant. Trotzdem fürchten sich Frauen davor. Machen wir uns mit einer bewussten geistigen Anstrengung klar: Die Vermännlichung der Frau beim Vorwärtskommen ist keine drohende Gefahr, sondern eine überzogene Polemik. Es geht überhaupt nicht darum, eine machtbesessene Furie zu werden. Selbst wenn Sie eine machtbesessene Furie kennen: Wer hat Ihnen denn gesagt, dass dies die einzige Möglichkeit ist, es im Leben zu etwas zu bringen? Viele Wege führen nach Rom. Der Weg der machtbesessenen Furie ist kein guter und schon gar kein nachahmenswerter.

Es geht nicht um Machtbesessenheit, sondern um gesundes Durchsetzungsvermögen!

Es geht nicht darum, dass wir etwas werden, das wir nicht sein wollen. Es geht lediglich darum, dass wir auf das eingehen, was eine konkrete Situation von uns verlangt. Und wenn eine berufliche Situation zum Beispiel gesundes Durchsetzungsvermögen von uns verlangt – warum sollten wir uns dieser Situation verschließen? Vor allem wenn wir in Beziehung, Familie und anderswo keinerlei Probleme damit haben, gesundes Durchsetzungsvermögen zu zeigen.

Eine Befürchtung ist keine Tatsache

Machen wir uns in aller Deutlichkeit klar: Das, was wir als negative Folgen unseres Vorwärtskommens befürchten, ist eben das: reine Befürchtung. Es ist keine Tatsache. Es entspricht noch nicht einmal unseren *Wünschen*: Denn wir wünschen uns ja, vorwärtszukommen. Und es entspricht nicht den *Erfordernissen der realen Situation*: Kein (vernünftiger) Mensch verlangt von uns, dass wir zu machtbesessenen Furien werden. Das ist überhaupt nicht *nötig* (obwohl es manche Frauen für nötig *halten*). Da stellt sich doch die Frage: Möchten Sie sich weiterhin von etwas beeinflussen lassen,

- ❑   das den Tatsachen,
- ❑   das Ihren Wünschen,
- ❑   das den Erfordernissen der realen Situation widerspricht?

Oder möchten Sie lieber glauben, was den Tatsachen und Ihren Wünschen entspricht?
Natürlich gibt es Frauen, die sich der Karriere wegen verkaufen, verbiegen, vermännlichen. Aber das heißt doch nicht,

- ❑   dass frau das machen *muss*; Sie müssen diesen Fehler nicht nachmachen;
- ❑   dass es anders nicht geht – es geht anders.

Stärken ausspielen, um vorwärtszukommen

Vorwärtskommen ist so gesehen eine Glaubensfrage: Was möchten Sie glauben? Keine der erfolgreichen Frauen, die ich kenne, hat jemals geglaubt, sich verbiegen zu müssen, um vorwärtszukom-

men. Sie glauben das exakte Gegenteil. Sie glauben, dass man nur vorwärtskommt, wenn man seine Stärken nicht verleugnet, sondern ausspielt. Susie, 29 Jahre, Textildesignerin, sagt: „Ich krieche keinem hinten rein. Ich ziehe mein Ding durch. Ich dachte immer, damit stoße ich an. Das Gegenteil ist der Fall. Alle arbeiten lieber mit einer zusammen, die sagt, was sie will. Ich sage es."
Wie kommt man zu solch einer Einstellung? Indem man daran arbeitet. Hilfreich dabei ist das Rollenverständnis.

Die Rolle, die Sie spielen

Wer einerseits vorwärtskommen möchte, aber andererseits das Sich-Verbiegen fürchtet, wählt eine ungünstige Sichtweise. Denn das Verbiegen ist als Sinnbild hinderlich und unpassend.
Es geht nicht darum, sich zu verbiegen, sondern vielmehr eine Rolle zu ergreifen, wie wir in unserem Leben schon Dutzende Rollen ergriffen haben: die Rolle der Partnerin, der Berufstätigen, der Mutter, der Kreativen, der Fürsorglichen, der Zärtlichen ... Diese Rollen füllen wir doch auch hervorragend aus. Warum nicht genauso hervorragend die Rolle der vorwärts Strebenden?
Wer vorwärtskommen möchte, muss nichts weiter tun, als diese Rolle zu ergreifen und sie mit dem eigenen Drehbuch, den eigenen Ideen, der eigenen Weiblichkeit, dem eigenen Stil zu füllen. Wer behauptet: „Bei diesem Machtspiel spiele ich nicht mit", geht von der falschen Annahme aus. Frau *kann* die Rolle des Aufstiegs mit Macht ausfüllen, aber sie *muss* es nicht. Eine Rolle ist immer das, was Sie daraus machen:

 Eine Rolle ist nie das, was sie ist, und immer das, was Sie daraus machen.

Wer sich eine Rolle aufzwingen lässt, ist selber schuld. Jede Rolle hat einen mit bloßem Auge wahrnehmbaren Interpretationsspielraum. Erkennen Sie ihn und nutzen Sie ihn. Vorwärtskommen

Jede Rolle hat einen Interpretationsspielraum

bedeutet, innerhalb jener Grenzen, die Sie selbst setzen, eine bestimmte Rolle zu spielen und auszufüllen. Setzen Sie diese Grenzen. Verbiegen bedeutet, die Grenzen zu überschreiten. Und das müssen Sie nicht. Das verlangt niemand von Ihnen.

Erfolgreiche Frauen bestechen durch ihr bewusst durchdachtes Rollenverständnis und ihre große Rollenflexibilität. Thea, 48 Jahre, Geschäftsführerin eines Familienbetriebs, sagt: „Wenn ich mit meinen Enkeln spiele, lasse ich die Chefin vor der Tür – ist doch klar, oder?"

Die Rolle ausfüllen

Beobachten Sie Frauen, die „es geschafft haben" (und sich dabei ihre Weiblichkeit bewahrt haben): Egal, welche Fähigkeiten sie sonst noch mitbringen, keine von ihnen hat es „mit sich machen lassen". Keine von ihnen stand hilflos und empört daneben, wenn ein minderqualifizierter Kollege bevorzugt behandelt werden sollte. Sie alle wussten sich zu wehren – und wollten es auch.

Opferrolle? Nein danke!

Was sie alle auszeichnet, ist ihr Rollenverständnis: Sie wollen kein bequemes Opfer abgeben. Sie wollen nicht die Opferrolle spielen. Sie wollen nicht abhängig sein von der Gunst der herrschenden Verhältnisse. Sie wollen ihr Leben selbst gestalten. Dieser Wille, diese Einstellung ist die eigentliche Triebfeder des Erfolgs. Erst mit dieser Einstellung wirkt das Handwerkszeug, das Sie jetzt kennenlernen und erwerben werden.

 Beides ist notwendig: Einstellung und Handwerkszeug.

Mit konstruktiven Einstellungen werden wir nicht geboren. Wir werden auch nicht dazu erzogen. Weder vom Elternhaus noch von der Schule oder Gesellschaft. Jeder muss sich diese konstruktiven Einstellungen selber erwerben. Daher heißt der Ausdruck dafür auch: Einstellungsarbeit. Während wir unser Handwerkszeug

verbessern, werden wir in den folgenden Kapiteln immer wieder die Gelegenheit wahrnehmen, an Ihrer Einstellung zu arbeiten. Denn die Entwicklung von persönlichen Fähigkeiten und Einstellungen geht Hand in Hand.

Die hinderliche Opfereinstellung ist übrigens leichter abzustellen, als man annimmt. Die meisten erfolgreichen Frauen, die es geschafft haben und dabei Frau geblieben sind, entwickeln keine martialischen Rituale, um aus der Opferrolle herauszukommen. Sie leiden auch, was oft angenommen wird, nicht weniger häufig oder weniger heftig unter „Anfällen" von Opferhaltung. Sie gehen damit nur erfolgreicher um. Viele denken sich ganz einfach: „Ich möchte kein Opfer sein. Ich möchte mein Leben selber in die Hand nehmen. Ich treffe meine eigenen Entscheidungen und mache meine eigenen Fehler." Wir erkennen daran, dass im Grunde lediglich zwei Schritte nötig sind, um sich von einer zeitweiligen Opferhaltung zu befreien:

❑ Seien Sie so achtsam, dass Sie Opfertendenzen an sich rechtzeitig erkennen und sich bewusst machen können. Was Sie sich bewusst machen, kann Sie nicht länger unbewusst behindern.

❑ Setzen Sie den Einflüsterungen der Opferhaltung („Sei lieber still, trau dich nicht … ") konstruktive Gedanken gegenüber.

Die Befreiung aus der Opferhaltung

Erfolgsfaktor I:

Information

1 Information, die Mutter des Erfolgs

Klatsch ist Karrierebasis

Die Botschaft dieses Kapitels ist sehr simpel: Männer bringen es (bislang, mehrheitlich) weiter als Frauen, weil Männer sich besser informieren.

Achten Sie einmal darauf, worüber Männer am Arbeitsplatz miteinander reden, wenn es gerade einmal nicht um das rein Fachliche geht. Wie finden Sie das heraus? Ganz einfach. Auch nicht anders als bei Frauen: Hören Sie ihnen beim Klatschen und Tratschen zu. Auch Männer klatschen, und zwar über ganz bestimmte und sehr interessante Themen:

❑ Wer ist in der Firma obenauf, wer steht auf der Abschussliste? **Männerklatsch**
❑ Wer hat Mist gebaut?
❑ Wer sägt beim wem?
❑ Wer ist der kommende Shooting Star?
❑ Mit wem muss man sich vertragen?
❑ Wer hat etwas gesagt, wonach man sich richten sollte?
❑ Wer hat Connections, die mir nützen könnten?

Worüber klatschen Frauen mehrheitlich am Arbeitsplatz? Über **Frauenklatsch**
Persönliches, Zwischenmenschliches, Beziehung, Gesundheit, Antipathien und Sympathien. Und Sie wundern sich, dass Frauen weniger weit kommen als Männer? Männer erfahren sehr viel schneller und häufiger, wo Chancen auf sie warten und wo ihnen Risiken drohen. Weil sie täglich, stündlich darüber klatschen. Ist das nicht unglaublich? Männer nutzen Klatsch als Erfolgsbasis –

meist unbewusst. Die meisten Männer wissen gar nicht, was sie da tun; so sehr ist ihnen diese Informationstechnik schon ins Blut übergegangen. Sie möchten aber nicht wie ein Mann ständig über Karriere und Firma reden? Wer hat das denn verlangt?

STOP Viele Frauen glauben, sie müssten die Techniken der Männer kopieren, um beruflichen Erfolg zu haben. Das ist Unfug.

Natürlich können Sie blind kopieren – viele Frauen tun das –, aber Sie müssen es nicht. Es ist weder nötig noch sinnvoll noch ratsam. Es führt zwar zum Erfolg, aber zum bekannten Preis der Selbstaufgabe. Frauen sind nun einmal keine Männer und sollten auch nicht unbedingt versuchen, welche zu werden.

Betrachten Sie erfolgreiche Frauen, die trotzdem Frau geblieben sind, fällt Ihnen auf, dass diese sich nicht an den neuesten Dolchstoßlegenden des Karriereklatsches beteiligen – und trotzdem bestens informiert sind.

Kein Klatsch, trotzdem gut informiert

Die meisten Frauen hören oder gehen sogar weg, wenn Männer darüber klatschen, wer gerade wen zu meucheln versucht. Diese Art Unterhaltung ist ihnen einfach peinlich, zu roh, zu aggressiv. Bei dieser Menschenjagd wollen sie auf keinen Fall mitmachen. Ständig dieser Karriere-Talk, wie langweilig!

Es fällt auf, dass erfolgreiche Frauen bei diesen Hetztiraden keineswegs mitmachen – sie verzichten jedoch auch nicht auf deren Informationsgehalt. Sie tun das keineswegs opportunistisch, nach dem Motto: „Ich billige das nicht – aber ich nutze es trotzdem." Nein, sie machen ihren mäßigenden Einfluss geltend, indem sie allzu heftigen verbalen Tiraden die Spitze nehmen. Männer stört dieser mäßigende Einfluss nicht. Im Gegenteil. Sie finden es ausgesprochen reizvoll, mit dieser moderaten Sichtweise zu koket-

tieren und Frauen gutmütig damit aufzuziehen – was frau selbstredend zu nehmen wissen muss.

Mitreden heißt nicht mitmachen. Wer als Frau mitklatscht, muss nicht gleichzeitig wie die lieben Kollegen aktiv an anderer Leute Stuhl sägen. Erfolgreiche Frauen ziehen diese Grenze. Hier taucht wieder dieses so wichtige und bereits angesprochene Instrument der Grenzziehung auf: Erfolg ja, aber nicht um jeden Preis, sondern nur bis an die Grenze, die ich selbst ziehe.

Wer vorwärtskommen will, muss gerade auch bei heiklen Themen Souveränität zeigen

Wer vorwärtskommen will, muss auch mit Klatsch und Tratsch umgehen können. Einfach weghören oder weglaufen ist kein besonders souveräner Umgang. Es ist auch kein souveräner Umgang, den Klatsch der Kollegen abfällig abzutun oder zu fordern: „Bleibt doch bitte sachlich!" Das ist eine Forderung, die auf weiblichen Werten basiert und männliche Werte als minderwertig abqualifiziert. Man kann seine eigenen Werte auch so einbringen, dass der andere sich nicht dadurch verletzt fühlt. Das bedeutet souveräner Umgang. In einem Satz:

 Tipp   Erfolgreiche Frauen sind bestens informiert.

Sie hören nicht weg, sie hören zu. Wie das geht? Das schauen wir uns an einem Beispiel an.

Sylvia ist bestens informiert

Sylvia, 45 Jahre, ist Exportleiterin bei einem hessischen Investitionsgüterhersteller. Das ist sie nicht von ungefahr. Zwar ist sie fachlich hoch kompetent – doch das ist selbstverständlich. Das sind ihre männlichen Mitbewerber um den Aufstieg ja auch. Was ihr bei sämtlichen Beförderungen, bei denen sie Zeit ihres Lebens die männlichen Kollegen überholt hat, immer den entscheidenden Vorsprung gab, war unter anderem, dass sie immer weiß, was im

Unternehmen so läuft. Sie ist einfach bestens informiert über alles, was eine Führungskraft wissen muss.

„Mir erzählt ja hier keiner was!" Ein guter Einwand, der von vielen meiner Seminarteilnehmerinnen und Coachees an dieser Stelle erhoben wird. Andererseits: Wenn Sie wissen wollen, ob Ihre beste Freundin endlich mit ihrem Typ Schluss gemacht hat, warten Sie dann, bis Ihnen jemand was erzählt? Nein? Warum nicht? Und warum warten Sie dann in der Firma darauf? Aha.

Interesse ist Voraussetzung für Information – wer sich interessiert, wird immer gut informiert sein

Nun könnte man argumentieren, dass einem die beste Freundin nähersteht als der betriebliche Klatsch und Tratsch. Das mag sein – bezeichnenderweise ist es bei Sylvia und allen anderen erfolgreichen Frauen eben nicht so. Die sind genauso energisch hinter News über die betrieblichen Veränderungen her, wie sie hinter Neuigkeiten von der Freundin her sind. Warum? Weil beides zwar beileibe nicht gleichrangig, aber gleich wichtig ist.

Wenn Sie einerseits gerne vorwärtskommen möchten, andererseits das aktive Einholen von Informationen scheuen, haben Sie kein Problem mit dem Handwerkszeug. Sie haben ein Problem mit der inneren Einstellung. Sie sollten sich fragen:

- ❑ Was ist mir wirklich wichtig?
- ❑ Ist es mir wichtig genug, aktiv Informationen einzuholen?
- ❑ Ist mein Interesse groß genug, um vorwärtszukommen?

  Interesse ist der Motor für das Vorwärtskommen.

Wenn Ihr Interesse nicht dafür ausreicht, sich gut informiert zu halten, sollten Sie so ehrlich sein, den Wunsch nach einem Vorwärtskommen zeitweilig ruhen zu lassen. Die meisten wollen das nicht. Sie haben ausreichend Interesse, sie wollen vorwärtskommen, sie wollen an die relevanten Informationen herankommen – aber wie? Männer haben ihr Old Boys Network, das sie mit Informationen versorgt. Frauen haben dieses Netzwerk (noch) nicht. Was also tun? Was tut Sylvia? Etwas denkbar Einfaches. Sie redet mit den Leuten.

Wie frau sich Informationen holt

Bei einem Zulieferer von Sylvias Firma gibt es eine Kollegin, die zum Einholen von Informationen ihren Charme einsetzt. Deshalb heißt sie im Unternehmen auch „Charming Jutta". Sie ist ganz einfach unwiderstehlich. Eben eine Klassefrau. Jeder weiß, dass sie einem mit diesem Charme auch noch das letzte Geheimnis entlocken kann, aber keiner kann ihr böse sein. Dazu genießen alle viel zu sehr die Gespräche mit ihr. Sie muss nicht auf die Leute zugehen. Die Leute kommen zu ihr, um auszupacken. Denn es lohnt sich für sie: Juttas Charme ist ein Genuss für jeden, den sie damit in ihren Bann zieht.

Sylvia ist keine solche Charmekanone. Das liegt ihr nicht so. Trotzdem erfährt auch sie alles, was sie wissen will. Warum? Weil auch sie ihren Auskunftspersonen etwas gibt, das diese viel zu selten bekommen. Oft noch nicht einmal in ihrer eigenen Familie. Was könnte dieses seltene und hohe Gut sein? Ganz einfach: Aufmerksamkeit. Sylvia schenkt Aufmerksamkeit. Sie ist ganz einfach freundlich zu den Menschen.

Sylvia kann Menschen so ansprechen, dass diese sich nicht als Kollegen, sondern als Menschen angesprochen fühlen. Sie kann einfach gut mit Menschen. Sie kann sie zum Reden bringen, weil sie ihnen Aufmerksamkeit schenkt. Und wenn Menschen erst einmal reden, hören sie nicht so schnell auf. Das hat nichts mit Aushorchen zu tun. Denn die Menschen erzählen Sylvia freiwillig, was sie interessiert. Außerdem würde kein Kollege mehr mit Sylvia reden, wenn er sich ausgehorcht fühlen würde. Nein, sie hält sich immer an das Gebot der Fairness von Geben und Nehmen: Ich sage dir was, und wenn du möchtest, sagst du mir auch etwas. Menschen honorieren diese Fairness, wenn man ihnen die Chance dazu gibt.

Aufmerksamkeit ist Tauschwährung für Informationen

Mit dieser Chance hapert es ein wenig. Denn viele Frauen können trotz der viel beschworenen Beziehungskompetenz der Frau nur sehr schwer auf andere Menschen zugehen. Sylvia scheut sich zum Beispiel nicht, bei Fachtagungen auf wildfremde Männer zuzuge-

Auf wildfremde Männer zugehen?

hen, sich vorzustellen und sie nach dem zu fragen, was sie von ihnen wissen will. Viele ihrer Kolleginnen finden das „unmöglich, das macht man doch nicht!". Überkommene Kleinbürgermoral aus dem vorigen Jahrhundert? Mag sein, doch bei vielen Frauen sitzt diese anerzogene falsche Scheu tief. Allerdings ist die Scheu nicht ganz unberechtigt, wie wir gleich sehen werden.

Die sexuelle Barriere

Die Angst vor Übergriffen

Viele Frauen holen sich nicht die Informationen, die sie für ihr Vorwärtskommen benötigen, weil sie Übergriffe der männlichen Kollegen fürchten. Sie fürchten, durch ihr offenes Gesprächsverhalten Männer zu Übergriffen einzuladen. Gerade bei jungen Frauen ist diese Furcht oft so übermächtig, dass sie das eigene Gesprächsverhalten buchstäblich verkrüppelt. Man möchte gerne das Gespräch – aber wer weiß, wie der Kollege das verstehen könnte? Zumal diese Angst fast wöchentlich durch unerfreuliche Vorfälle bestätigt wird. Warum hat Sylvia diese Angst nicht?

Ist Sylvia „leicht zu haben"? Nein, sie weiß lediglich Grenzen zu ziehen. Der durchschnittliche Mann respektiert – entgegen der landläufigen Meinung – diese Grenzen. Denn er hat gelernt, sich an Gebote und Prinzipien zu halten – das werfen wir ihm ja bei anderen Themen oft genug vor, dieses sture Denken in Schablonen, Grenzen und Prinzipien. Interesse ist der Motor für das Vorwärtskommen.

 Männliche Übergriffe werden in der Regel nicht von unbeherrschten Männern ausgelöst, sondern von versäumter Grenzziehung der Frau.

Grenzen ziehen mit nonverbalen Signalen

Die meisten von uns haben nie gelernt, Grenzen zu ziehen. Das ist kein persönlicher Makel, sondern einfach nur ein Versäumnis, ein Mangel an Handwerkszeug. Dieses Versäumnis kann frau ausmerzen. Auch Sylvia hat das erst lernen müssen. Inzwischen kann sie

ihre nonverbalen Signale so gut einsetzen, dass jedem Mann klar ist, was erlaubt ist und was nicht. Dass ihnen vor allem klar ist, was passiert, wenn sie die Grenze überschreiten. Das muss Sylvia nicht aussprechen, das kommuniziert sie über die Sicherheit ihres Auftretens. Sylvia hatte in den letzten Jahren keine Probleme mehr damit: „Die Männer wissen, wie weit sie bei mir gehen dürfen, und halten sich daran. Das gibt beiden Seiten Sicherheit."

Warum fällt es vielen Frauen so schwer, diese nötigen Grenzen zu ziehen? Weil sie fürchten: „Wenn ich Grenzen ziehe, verliere ich die Aufmerksamkeit des Mannes." Das ist – Sie ahnen es inzwischen – eben nichts anderes als eine Befürchtung. Denn in der Regel ist das Gegenteil der Fall: Frauen, die ihre Frau stehen und beziehungsfreundlich, aber deutlich Grenzen ziehen, sind bei Männern beliebter als Frauen, die krampfhaft versuchen, Everybody's Darling zu sein und deshalb alles mit sich machen lassen oder prekären Situationen einfach ganz ausweichen.

Everybody's Darling zu sein bringt nichts

Meist reicht es schon, sich diesen Irrtum klarzumachen, um sich zu einer deutlichen Grenzziehung aufzuraffen. Aber ein wenig Übung bedarf es danach schon noch. Wie bei jeder Tätigkeit, die man neu erlernt: Übung macht die Meisterin.

Warum es sich lohnt

Natürlich hat es Sylvia wie jede ihrer erfolgreichen Kolleginnen viel schwerer als jeder Mann, an Informationen heranzukommen. Männer tun sich viel leichter damit, auf andere zuzugehen. Sie müssen nicht sexuelle Übergriffe in Schach halten. Sie müssen nicht erst Grenzen ziehen und wahren. Wenn Frauen sich vor einem aktiven Informationsverhalten drücken wollen, führen sie gerne diese Ungleichheit ins Feld.

Sie vergessen dabei einen entscheidenden Vorteil, der die Waagschale wieder in die andere Richtung bewegt: Frauen erzählt der Mann mehr. Was Sylvia ohne jeden Druck von anderen erfährt, erfährt kein männlicher Kollege. Außerdem ist das aktive Einholen

Männer erzählen Frauen mehr als ihren männlichen Kollegen

von Informationen nur bei den ersten zwei, drei Versuchen eine Mühe. Danach macht es so viel Spaß, dass frau es nicht wieder aufgeben möchte. Es pflegt darüber hinaus die Beziehungen zu den Arbeitspartnern und fördert damit, was viele Frauen im Business sich wünschen: funktionierende Beziehungen. Und schließlich lohnt sich die ganze Übung auch: Denn die Frau kommt mit den erhaltenen Informationen vorwärts.

Informationshindernisse überwinden

Viele Frauen scheuen sich, die Informationen einzuholen, die sie brauchen: „Ich kann die Kollegen und Vorgesetzten doch nicht einfach so ausfragen!" Das befürchten *Sie* vielleicht, doch Ihr Gegenüber selten. Menschen freuen sich immer, wenn man ihnen Gelegenheit gibt, ihr Wissen zu demonstrieren. Geben Sie ihnen diese Gelegenheit. Fragen Sie geradeheraus, was Sie wissen möchten: „Herr Meier, was mich schon lange interessiert: Wird die Position der Teamassistentin bei Ihnen nun frei oder ist das ein Gerücht?"

Viele trauen sich dieses offene Wort nicht, weil sie Zurückweisung fürchten: „Was geht Sie das an?" Deshalb verzichten sie ganz darauf.

 Verzicht ist keine angemessene Reaktion.

Welches wäre eine angemessene Reaktion? Damit umgehen zu lernen. Sylvia zum Beispiel sagt: „Ich gebe mir selbst das Recht, das zu fragen, was mich interessiert. Ich gebe aber auch meinem Gegenüber das Recht, patzig, unhöflich oder gemein zu sein. Dann hat er eben ein Problem – nicht ich." Meist entschuldigt sie sich danach höflich, gefragt zu haben, und zieht sich zurück – das hat noch keiner unbeeindruckt weggesteckt. Entweder entschuldigen

sich die Betroffenen danach oder machen es bei der nächsten Gelegenheit wieder gut, indem sie übertrieben auskunftsbereit sind.

Wir sind alle nur Menschen. Deshalb sollten wir uns die grundlegendsten Grundrechte zugestehen: Sie haben ein Recht auf Informationen, genauso wie Ihr Gegenüber ein Recht darauf hat, sie Ihnen nicht zu geben – deshalb kann man sich immer noch mit Respekt behandeln. Können Sie es?

Checkliste: Sind Sie informiert?

- ❏ „Mir sagt ja keiner was!" Was möchten Sie denn wissen?
- ❏ Welche Informationen brauchen Sie für das Vorwärtskommen?
- ❏ Wer könnte über diese Informationen verfügen?
- ❏ Wie könnten Sie ihn ansprechen?
- ❏ Wann?
- ❏ Was hält Sie davon ab?
- ❏ Wie können Sie dieses Hindernis überwinden?
- ❏ Wo besteht für Sie die Gelegenheit, an Klatsch-Zirkeln teilzunehmen, in denen nützliche Informationen gehandelt werden?
- ❏ Tauschen Sie Informationen aus: Ich gebe dir, wenn du mir gibst.
- ❏ Suchen und gewinnen Sie unbedingt auch Informanten aus höheren und höchsten Hierarchieebenen. Das macht etwas Arbeit, lohnt aber ungemein. (Hemmungen davor? S. o. Abschnitt „Informationshindernisse überwinden")
- ❏ Je mehr nützliche Informationen Sie sammeln, desto weiter werden Sie es bringen! Information ist der Grundstock des Erfolgs.
- ❏ Halten Sie Ihr Interesse an Informationen wach. Wenn Sie es alleine lassen, schläft es nämlich ein.

2 Frauen verschenken gute Ideen

Frauen geben zu viel Info

Wir haben gesehen, dass Männer bei der Beschaffung von nützlichen Informationen Vorteile haben. Dasselbe gilt für den umgekehrten Informationsfluss: für das Geben von Informationen.

Frauen informieren offener als Männer. Ist das nicht ein Vorteil? **Offene Information** Doch. Wenn es um das Informieren von Mitarbeitern im Führungs- **ist nicht immer gut** bereich geht, wenn es um die Kundenkommunikation, die Entscheidungsvorbereitung oder die Beziehungspflege unter Kollegen geht, ist offene Information die bessere Kommunikation, weil sie motiviert und alle mit den nötigen Informationen versorgt, um eine gute Arbeit zu machen. Leider übersehen Frauen dabei eines: Offene Information ist nicht immer gut.

Es gibt viele Situationen, in denen eine offene Information sogar sehr schädlich sein kann. Ein Paradebeispiel dafür ist die Information über Ideen, Projekte und Vorhaben. Ich coache, trainiere und berate nun schon einige Jahrzehnte Mitarbeiter wie Führungskräfte in Unternehmen aller Größen und Branchen. Und dabei mache ich ständig eine Erfahrung von statistisch geradezu schockierender Zuverlässigkeit:

 Frauen werden weitaus häufiger Ideen von Kollegen „geklaut" als Männern.

Warum das so ist, haben wir alle schon gelesen, gehört, gedacht **Wissen ist Macht** oder selbst gesagt: Frauen informieren umfänglich, damit alle gut

informiert sind. Männer halten Informationen zurück: Wissen = Macht. Susi zum Beispiel hat eine tolle Idee, die sie im Meeting anspricht. Karl klaut diese Idee und bringt sie, leicht modifiziert, als seine dem Chef vor. Ein Spiel, das wir alle aus Anschauung oder eigener Erfahrung kennen.

Warum schießen Frauen sich mit ihrem freigebigen Informationsverhalten häufig Eigentore?

Warum Frauen Info-Eigentore schießen

Hinter dem Informationsverhalten von Frauen steht der Teamgedanke

Warum gehen Frauen oft zu großzügig mit Informationen um? Meist weil sie es für wichtig erachten, dass alle um sie herum gut informiert sind, dass sie wissen, was und warum etwas zu tun ist, weil damit Stimmung, Klima, Motivation und Leistung gefördert werden.

(Des-)Information als Manipulations-mittel

Hinter dem Informationsverhalten von Männern steht das Kalkül: „Was bringt mir die Weitergabe dieser Information? Was ihr Verschweigen?" Männer informieren generell nicht oder viel zu wenig. Und wenn sie informieren, dann meist mit Hintergedanken. Ein Mann kann sich nur selten vorstellen, „nur so" zu informieren: „Wozu soll denn das gut sein?" Das heißt: Information muss zu etwas gut sein; nämlich zu etwas, das ihm direkt und unmittelbar nützt. Natürlich ist das sehr leistungsmindernd. Denn nur wer gut informiert ist, leistet gut. Dafür bringt es Männer weiter: Je mehr einer weiß (und verschweigt oder gezielt einsetzt), desto besser kann er andere manipulieren.

Worauf läuft das Ganze hinaus? Verlange ich von Ihnen, dass Sie weniger offen und dafür genauso manipulativ informieren sollen wie Männer? Das wäre verrückt. Wir sind Frauen. Wir wollen keine Männer werden. Die Lösung ist wie immer viel einfacher: Denken Sie, bevor Sie informieren.

Die Folgenfrage: Denken Sie, bevor Sie informieren

Offene Information hat ihre unbestreitbaren Vorteile: Sie motiviert zum Beispiel.

 Es ist kein Fehler, auf die Vorteile der offenen Information zu setzen. Es ist ein Fehler, deren Nachteile zu ignorieren.

Im Geschäftsleben unerfahrene Frauen setzen die offene Information ein, *ohne sich deren Nachteile bewusst zu machen.* Das ist der eigentliche Fehler. Oder anders ausgedrückt: Seien Sie nicht naiv. Es ist jedem Kind klar, dass offene Information gut für das Team ist. Das ist die erwünschte Folge. Fragen Sie sich: Welches sind die unerwünschten Folgen? Es ist besser, über diese Folgen nachzudenken, bevor man den Mund aufmacht und sich um Kopf und Kragen redet. Wie schon unsere Eltern sagten: Denk, bevor du redest!

 Die Folgenfrage: Bevor Sie (zu) offen informieren, praktizieren Sie einen bewussten Denkstopp, holen Sie zwei Mal tief Luft und fragen Sie sich: Was passiert mit dieser Information (noch)?

Es ist beruhigend, festzustellen, dass die wirklich erfolgreichen *und* trotzdem weiblich gebliebenen Führungskräfte eben nicht so manipulativ und verschlossen informieren wie Männer. Sie informieren im Prinzip so offen wie alle Frauen – aber sie fragen sich vor jeder Information nach deren möglichen negativen Folgen und beugen ihnen vor.

Informieren Sie weiterhin offen – und antizipieren Sie die Folgen

Gute Ideen wollen geschützt sein

Eine typische Situation, in der Sie immer die negativen Folgen einer offenen Kommunikation bedenken sollten, ist der Umgang mit guten Ideen. Eine Kreative in einer Hamburger Werbeagentur sagt: „Die meisten guten Ideen unseres Art Director stammen von einer Frau aus dem Team."

Natürlich klauen auch Frauen Ideen. Doch wenn wir die betriebliche Praxis beobachten, dann liegen Männer in dieser Art der Ideenbeschaffung eindeutig vorne. Übrigens, noch einmal zur einprägsamen Wiederholung: Lesen Sie „Männer tun dies und das" bitte immer wie „Viele Männer tun dies und das". Aber zurück zum Ideenklau. Warum lassen sich Frauen eher als Männer ihre besten Ideen klauen? Warum lassen sie zu, dass ein Kollege sich mit ihren Federn schmückt und damit weiterkommt? Der Grund ist einfach:

 Frauen gehen zu offen mit ihren guten Ideen um.

Lassen Sie sich auch Ihere besten Ideen klauen?

Sie sprechen etwas im Kreis der lieben Kollegen an – und morgen verkauft das ein Kollege dem Chef als seine Idee. Warum? Weil die Kollegin wieder einmal erst geredet und dann gedacht hat. Denken Sie doch einmal nach: Was passiert, wenn Sie im zwanglosen Gespräch eine gute Idee einfließen lassen? Richtig, die Idee bringt die Gruppe, die Abteilung, das Unternehmen weiter. Das sehen alle Frauen. Deshalb bringen sie ja die Idee ein. Aber was passiert noch? Daran denken die wenigsten: Ein frecher Plagiateur kupfert die Idee ab.

 Bei allen Ideen gilt der Grundsatz „Denken vor Sprechen" mit doppeltem Nachdruck.

Wie Frauen auf Ideenklau reagieren

Wie wenig die nicht so erfolgreichen Frauen über die Folgen ihres Informationsverhaltens wissen, zeigt sich an der erstaunlichen Naivität, mit der sie auf den Ideenklau reagieren.

Viele Frauen finden noch nicht einmal etwas dabei, wenn ein Kollege die Idee „übernimmt" und sich damit Vorteile verschafft: „Ist doch schön, wenn die Idee sich durchsetzt." Diese Einstellung ist einerseits erfolgshinderlich. Andererseits ist sie problemlos, wenn eine Frau keinerlei Ambitionen hat und noch in fünf Jahren auf ihrem derzeitigen Posten sitzen möchte, während die Kollegen es mithilfe der geklauten Ideen weitergebracht haben. Diese Einstellung ist legitim: Wenn es Sie glücklich macht, dann behalten Sie Ihr Verhalten einfach bei. Gehen Sie großzügig mit Ihren Ideen um und schauen Sie erfreut zu, wenn Ihre Ideen Ihre Kollegen weiterbringen. Sie können sich daran nicht ungeteilt erfreuen? So geht es den meisten Frauen.

Die meisten Frauen sind buchstäblich außer sich, wenn sie Opfer des Ideenklaus werden. Sie rennen zur besten Freundin und toben: „Wie kann der so unfair sein?" Das ist verständlich. Aber das ist genau das, womit Männer rechnen: „Mit der Kollegin kann man es ja machen. Die wehrt sich nicht." Die rennt höchstens zur Freundin und heult sich aus. Warum lassen Frauen „es mit sich machen"? Weil sie überrascht sind vom Verhalten der Männer. Weil sie erwarten, dass Männer sich fair verhalten. Da kann ich nur sagen:

 Mädels, wacht auf. Männer sind das, was sie sind.

Natürlich gibt es erwachsene, gefestigte, emanzipierte Männer, die von einer vorbildlichen Fairness im Umgang mit Menschen sind. Weil ein großer Mann immer auch fair ist. Das ist für ihn selbstverständlich. Leider sind Männer mit echter Größe relativ

Wie reagieren Sie auf Ideenklau?

Männer mit echter Größe sind selten

selten. Und wenn einer Ihre Ideen klaut, dann ist er es jedenfalls nicht! Wenn ein Mann nicht fair ist, ist er eben nicht fair. Wenn er Ideen klaut, klaut er Ideen. Wenn er im Stehen pinkelt, pinkelt er im Stehen. Es nützt nichts, die Realität zu ignorieren – davon wird sie nicht besser. Und es ist nun mal Realität, dass viele Männer Ideen klauen. Ihre relative Zahl variiert zwar von Abteilung zu Abteilung und von Unternehmen zu Unternehmen. Doch wenn in Ihrem Arbeitsfeld geklaut wird, sollten Sie sich darauf einstellen und der Realität ins Auge blicken:

 Tipp Männer sind so, wie sie sind – Sie werden sie nicht (wesentlich und bestimmt nicht schnell und leicht) ändern.

Das leuchtet Ihnen ein? Warum versuchen dann so viele Frauen exakt das, was niemals etwas bringt, nämlich Männer zu verändern? Ein ebenso beliebtes wie vollkommen untaugliches Mittel, das viele von uns dabei einsetzen, ist: der Vorwurf.

Vorwürfe bringen nichts

Der Vorwurf ist eine Falle, in welche die meisten Frauen im Umgang mit wenig partnerschaftlichen Männern hereinfallen. Wenn zum Beispiel einer eine Idee klaut, ist die erste Reaktion der Frau – falls es zur Konfrontation kommen sollte: „Wie kannst du mir das antun? Was fällt dir ein, meine Idee zu klauen?" Wissen Sie, was der Mann darauf sagt? „Wieso? Ich habe die Idee doch gar nicht geklaut. Du hast nur mal X erwähnt, ich habe aber ein XY präsentiert." Oder er sagt: „Wenn du die Idee nicht nutzt, dann eben ich. Wer zuerst kommt ..."

Vorwürfe bringen nichts – Männer hören nicht auf Vorwürfe

Männer sind für Vorwürfe taub. Warum? Ganz einfach: Weil ein Vorwurf zu nichts verpflichtet. Das kennen Sie aus der Beziehung: „Du lässt immer die Zahnpastatube offen herumliegen!" Bringt das was? Höchstens in den Flitterwochen. Danach geht der

Vorwurf dem Mann doch glatt am Gesäß vorbei. Das erkennen wir allein schon daran, dass viele Frauen klagen:

❑ „Ich habe ihm schon hundertmal gesagt ... "
❑ „Seit Jahren predige ich ihm ... "

Wir machen diese Aussagen immer mit dem vorwurfsvollen Blick in Richtung Kollege oder Partner. Doch eigentlich müssten wir uns bei solchen Aussagen auf die eigene Zunge beißen: Für wie klug halten Sie jemanden, der etwas hundertmal probiert, das hundertmal nicht funktioniert hat? Macht eine kluge Frau so etwas? Kaum denkbar. Warum passiert selbst klugen Frauen dann dieser dumme Lapsus immer und immer wieder? Warum machen Frauen Vorwürfe, obwohl diese in 95 Prozent der Fälle nichts oder wenig bringen? Weil Frauen eher zur indirekten Kommunikation tendieren.

Das Problem ist nicht so sehr die indirekte Kommunikation, sondern vielmehr, dass viele Männer nur direkte Kommunikation verstehen: „Tu dies, tu jenes, mach das ..." Darauf murren sie zwar immer, doch sie tun es wenigstens (irgendwann). Das verstehen wiederum Frauen, die erfolgreich sind. Deshalb konfrontieren sie, wenn sie konfrontieren, nicht mit Vorwürfen, sondern mit direkten Forderungen.

Die indirekte Kommunikation ist eine große Schwäche, wenn man Resultate will

Welche Forderung erheben Frauen am häufigsten nach unfairen Übergriffen von Männern? Richtig geraten: „Ich möchte, dass du das nie wieder machst." Okay, Sie möchten also, dass ein notorischer Trinker nie wieder einen Tropfen Alkohol anrührt. Sie möchten, dass ein notorischer Chauvi plötzlich Fairness praktiziert. Wie realistisch ist diese Forderung? Eine rhetorische Frage.

Wenn Sie konfrontieren, dann nicht mit Vorwürfen, sondern mit konkreten Forderungen

 Tipp Wenn Sie fordern, fordern Sie nicht Unterlassung, sondern Gegenleistung.

Bettina Probst, Leiterin eines Kunden-Support, erzählt: „Ganz zu Anfang meiner Laufbahn hat mann mir einige schöne Ideen geklaut. Ich bin dann jedes Mal hin zu dem Schuft und habe gesagt: Schwamm drüber, du hast dich bei mir bedient, dafür wirst du mir jetzt ... und dann habe ich mir eine konkrete Gegenleistung geholt. Und zwar keine Peanuts, sondern möglichst mehr, als er sich von mir geholt hat. Mit Diebstahlsprämie als Aufschlag sozusagen. In neun von zehn Fällen hat der Mann sich zwar gewunden und verhandelt, doch ohne mit der Wimper zu zucken mitgespielt – und bezahlt. Denn dieses Spiel verstehen Männer."

Manchmal hat der Mann Bettina sogar so viel bezahlen müssen, dass er das nie wieder machte: Der Preis war ihm zu hoch.

Müssen Sie Gegenleistung fordern? Ja. Denn bedenken Sie die Folgen der Unterlassung. Wenn von Männern nicht exakt diese Gegenleistung verlangt wird, verliert die beklaute Frau den Rest ihres Rufes: „Die lässt alles mit sich machen. Die kannst du beklauen und die wehrt sich noch nicht mal."

Zwei ganz dumme Ideen gegen Ideenklau

Wer sich zu wehren weiß, braucht nicht zu petzen

Eine ganz dumme Idee, die jedoch immer wieder verwendet wird, ist der Gang zum Vorgesetzten: „Chef, der Kollege hat meine Idee geklaut!" Viele Frauen begehen genau diesen Fehler. Warum? Weil sie den Chef mit einem Übervater verwechseln. Ist er aber nicht. Ein Chef, gleich welchen Geschlechts, ist in der Regel angewidert von der „Petze". Er handelt vielleicht widerwillig und zieht den Ideenräuber pro forma zur Rechenschaft – aber danach ist die Petze unten durch; bei ihm und bei den Kollegen sowieso. Wer sich zu wehren weiß, braucht dafür keinen Chef. Das macht man unter sich aus. Erfolgreiche Frauen erkennen Sie ganz einfach: Sie stehen ihre Frau.

Eine noch viel dümmere Idee, auf die trotzdem viele Frauen hereinfallen, ist es, „ganz vernünftig" mit dem Ideenräuber zu reden: „Du, ich finde das nicht in Ordnung, was du da getan hast."

Das ist haarsträubend naiv. Ein Mann, der eben Ihre Idee klaute, obwohl jedes Kind weiß, dass man das nicht tun darf, soll vernünftig mit sich reden lassen?

Auch wenn es weh tut: Irgendwann müssen wir alle einmal die Realität akzeptieren. Natürlich wünschen wir alle uns Männer, die sich partnerschaftlich und fair verhalten. Natürlich wünschen wir uns schmerzfreie Zähne. Aber wenn wir Zahnweh haben, dann akzeptieren wir irgendwann die Realität und gehen zum Zahnarzt. Wenn jemand Ihre Ideen klaut, dann sollten Sie entsprechend handeln.

Lernen Sie, zwischen Ihren Wünschen und der Realität zu unterscheiden

Bereitschaft zur Ideenklau-Verfolgung

Trauen Sie sich zu, von einem Ideenräuber eine konkrete Gegenleistung zu verlangen! Dann werden Sie erreichen, was Sie wollen. Dann haben Sie das Zeug dazu. Sie werden Ihren Weg machen. Denn Sie haben, was frau braucht: Sie lassen es nicht mit sich machen. Viele Frauen wollen vorwärtskommen, lassen „es" jedoch mit sich machen.

Das passt nicht zusammen. Wer vorwärtskommen will, braucht die passende Einstellung dazu. Natürlich ist es bequemer, wütend über den Ideenklau zu sein und die Sache „auf sich beruhen zu lassen". Doch weiter kommt man nicht damit. Das ist im Grunde eine Interessenabwägung. Auch erfolgreiche Frauen fragen sich bei jedem Vorfall erneut:

 Tipp Was ist mir wichtiger: meine Bequemlichkeit oder meine Ziele?

Viele Frauen sind innerlich zerrissen, wenn sie beklaut werden. Einerseits finden sie das im wahrsten Sinne des Wortes beschissen, andererseits trauen sie sich nicht in die Konfrontation. Dieser innere Konflikt quält mehr als der eigentliche Ideenklau. Deshalb

Konfrontation ist schwierig, aber wirksam

können Sie das ganze Problem einfach dadurch beseitigen, indem Sie diesen inneren Konflikt lösen und sich die Frage stellen: Was ist mir im konkreten Fall wichtiger? Sobald die Frage beantwortet ist, erlischt der innere Konflikt und das Problem ist vom Tisch.

Natürlich fällt die Konfrontation beim ersten Mal jeder schwer: Schließlich hat man so etwas bislang noch nie oder selten gemacht. Doch wenn Sie wissen, was Ihnen wichtiger ist, haben Sie auch die Kraft dazu. Und nach dem ersten Mal fällt es Ihnen zunehmend leichter. Mehr sogar: Sie finden Spaß daran. Doch eigentlich sollten Sie es gar nicht so weit kommen lassen.

Rückfall in Kindheitsmuster: „Aber das darf der doch nicht!"

Verlangen Sie vom Ideendieb eine „Bezahlung"

Den Ideendieb zu stellen und von ihm eine „Bezahlung" der geklauten Idee zu verlangen ist eine simple und von vielen erfolgreichen Frauen praktizierte Technik. Ungefähr 20 Prozent aller Frauen finden die Technik einleuchtend oder praktizieren sie bereits erfolgreich. Von den restlichen 80 Prozent haben etliche jedoch auf den ersten Blick unerklärliche Probleme damit. Ich möchte dazu stellvertretend eine Seminarteilnehmerin zitieren, die seit 15 Jahren dieselbe Position im Lower Management innehat und die sagt, was viele Frauen denken oder sagen: „Wieso sollte ich mich ändern, wenn Männer Ideen klauen? Warum sollte ich auf sie zugehen und eine Gegenleistung einfordern? Das ist doch nur wieder ein verdeckter Versuch, Frauen zu manipulieren. Die Männer sind es doch, die sich ändern müssen!"

Dieses Argument ist auf den ersten Blick sehr verständlich und menschlich. Auf den zweiten Blick ist es absurd: Ich stehe im Regen und verlange, dass der Regen aufhört – denn einen Schirm zu holen würde ja bedeuten, dass der Regen mich manipulieren würde! Der Regen hört nicht auf, auch wenn ich mir das wünsche.

Warum verfallen viele Frauen in ein solches Wunschdenken? Für eine Antwort darauf müssen Sie sich nur einmal die Stimme zum Zitat von eben vorstellen: klagend, trotzig, klein – eben so, wie eine Sechsjährige spricht. Offensichtlich fallen viele Frauen, wenn sie mit emotional stark aktivierenden Vorfällen konfrontiert werden, in Kindheitsmuster zurück. Der Psychologe sagt: Sie regredieren.

Das tun Männer auch. Bei Männern ist das Kindheitsmuster: Wenn du nicht mehr weiterweißt – hau (verbal) alles kurz und klein. Sie fallen in die Rolle des trotzigen, jähzornigen Kindes zurück. Frauen fangen an zu quengeln. Sie fallen in die Rolle des hilflosen kleinen Kindes zurück.

Da die Regression unterbewusst abläuft, können Sie diese ganz leicht abstellen, indem Sie sie sich diese bewusst machen. Das geht ganz einfach:

1. Beobachten Sie sich selbst ein wenig.
2. Stellen Sie sich geistig neben sich und fragen Sie sich: Was tut die denn da gerade?

Das reicht den meisten Frauen schon, um die Rolle der hilflosen Sechsjährigen abzulegen. Wir sind keine sechs Jahre mehr, wir sind nicht hilflos. Bei wenigen Frauen ist die Regression unter Stress jedoch stabil, sodass sie externe Unterstützung zu deren Überwindung benötigen. Entweder in Form einer guten Freundin, eines emotional kompetenten Lebenspartners oder eines Coach – die meisten guten Coachs sind übrigens Frauen. Und erstaunlich viele der sehr erfolgreichen Business-Frauen haben seit Jahren einen weiblichen Business-Coach zur Seite. Nicht nur um die Regression abzulegen, sondern um sich das Vorwärtskommen in vielen anderen Fragen leichter zu machen.

Wenn jemand Sie unfair behandelt, dann verhält er sich nicht dadurch fairer, dass Sie es sich wünschen!

Machen Sie sich klar, aus welchem Rollenmuster heraus Sie reagieren

Lassen Sie es nicht zum Klau kommen

Es ist gut, wenn Sie einen Ideenräuber stellen (können) und von ihm eine konkrete Gegenleistung verlangen. Besser ist, wenn Sie es gar nicht so weit kommen lassen, dass einer Ihre Idee klaut. Das geht ganz einfach:

 Tipp   Posaunen Sie Ihre guten Ideen nicht herum.

Klingt simpel, fällt aber vielen Frauen unheimlich schwer. Warum? Weil es ihrer inneren Einstellung zuwiderläuft: Frau verheimlicht nichts vor den Menschen, mit denen sie arbeitet. Das sollen Sie auch nicht. Sie sollen nichts verheimlichen. Sie sollen Ihre guten Ideen kundtun. Aber tun Sie es so, dass es allen nützt. Also nicht nur dem cleveren Kollegen, dem Chef und dem Unternehmen, sondern dem cleveren Kollegen, dem Chef, dem Unternehmen und Ihnen.

Was heißt das konkret? Das heißt: Sie verhindern den Ideenklau noch am besten, indem Sie

❑   keine ungelegten Eier begackern;
❑   Ihre gute Idee bis zur Präsentationsreife entwickeln;
❑   sie dann dem Chef weitergeben.

Zum Ideenklau gehören immer zwei

Zu einem Ideenraub gehören immer zwei. Wenn Ideen geklaut werden, dann immer, weil einer die Idee klaut und der andere sich beklauen lässt. Oft machen es Frauen Männern viel zu leicht, ihre Ideen zu kopieren. So sind es in vielen Unternehmen Männer schon gewohnt, dass ihre Kolleginnen tolle Ideen haben, die sie in die Runde werfen und dann nicht weiter verfolgen. Deshalb glauben sie, dass sie im Grunde etwas aufnehmen, was sowieso niemand nutzt. Sie können das verhindern, indem Sie keine Ideen herumpo-

saunen, die ein Mann nur noch aufnehmen und zu Papier bringen muss. Bringen Sie sie selbst zu Papier.

Schreiben Sie ein zweiseitiges Positionspapier, einen Vorschlag, ein Memo, eine Hausmitteilung – oder was auch immer in Ihrem Unternehmen als aktenfähiges Schriftstück Hausgebrauch ist – und lassen Sie es von der Dokumentationsmaschinerie erfassen. Sobald genügend Leute Ihren Vorschlag gelesen haben, ist er als Ihrer gespeichert und vor allem geschützt:

 Markieren Sie Ihr geistiges Territorium. Stecken Sie Ihr Claim ab. Das funktioniert nur in Schriftform.

Das klingt einfach – und wieder ist nicht die einfache Technik das Problem, sondern die innere Einstellung: Viele Frauen trauen sich nicht, eine gute Idee als ihre zu markieren oder gar dem Chef vorzuschlagen. Männer sind da meist anders.

 Männer hängen tendenziell auch wenig durchdachte Ideen gerne an die große Glocke. Frauen tendieren dagegen dazu, selbst perfekt durchdachte Ideen lieber informell weiterzugeben, als offiziell zu präsentieren.

Warum? Weil Männer tendenziell die Qualität ihrer Ideen überschätzen, während sie Frauen in der Tendenz unterschätzen. Sie müssen nur einmal zuhören, wenn begeisterte Kollegen den Vorschlag einer Frau loben, was die Frau daraufhin sagt:

❑ „Ach, das war doch gar keine so tolle Idee."
❑ „Darauf wäre doch jeder gekommen."
❑ „Das ist doch nichts Besonderes."
❑ „Ja, aber die Kosten sind doch zu hoch."

Was tun Frauen da? Sie machen sich und ihren eigenen Vorschlag schlecht. Sie machen sich runter. Sie lehnen das ausgesprochene

Lob ab. Was sagen Männer in derselben Situation? Wir wissen es alle. Es lässt sich zusammenfassen mit: „Ich sage es ja schon lange, dass ich der Tollste, Beste und Schönste bin!"

Lernen Sie, zu Ihren Ideen zu stehen

Nur wenn Sie zu Ihren Ideen stehen, können Sie diese so vorbringen, dass sie keiner klaut. Das hört sich leicht an. Ist es aber nicht. Es klingt verrückt, doch viele von uns müssen erst noch lernen, wie man zu den eigenen Ideen steht: mit viel Aufmerksamkeit für die eigenen Gedanken und einem starken inneren Dialog, der einen immer wieder auf den richtigen Weg zurückbringt (s.u. Abschnitt „Warum wir nobelpreisverdächtige Ideen für uns behalten").

Übrigens, Männer klauen Ideen auch bei Männern – aber viel seltener als bei Frauen. Weil eine Krähe der anderen selten ein Auge aushackt? Nein, weil Männer *es nicht so leicht mit sich machen lassen*! Sie wehren oder rächen sich. Sie wehren sich, wenn sie hierarchisch gleich geordnet sind – und wie! Da sollten Sie mal Mäuschen spielen, wenn eines dieser Prachtexemplare dem anderen die Leviten liest. Jugendfrei ist das jedenfalls nicht. Sind sie hierarchisch untergeordnet, rächen Männer sich. Ein Beispiel dazu.

z.B. Als der Projektleiter eines Elektro-Unternehmens sich vor versammeltem Projektteam bei der Präsentation vor dem Kunden profilieren will und alle Erfolge für sich allein reklamiert, baut das Team in die nächste Präsentation einfach einen Riesenfehler ein, welcher zu einer Riesenblamage für den Projektleiter führt. Die beiden weiblichen Teammitglieder sind damit gar nicht einverstanden – aber es wirkt. Der Projektleiter tobt danach zwar – sein gutes Recht –, doch er hat den Wink mit dem Zaunpfahl verstanden. Seither zügelt er seine Profilierungsneurose doch erheblich.

Warum wir nobelpreisverdächtige Ideen für uns behalten

Viele Frauen halten mit ihren guten Ideen so lange hinterm Berg, bis sie geklaut werden, weil sie (unter anderem) zwei Dinge fürchten:

1. dass die Idee nicht tatsächlich gut ist
2. dass die anderen sie ablehnen könnten

Beide Ängste sind verständlich, aber eben nur das: Ängste. Keine Tatsachen.

 Tipp Ängsten begegnet man am besten, indem man die Rolle der besten Freundin einnimmt.

Oder wie die Psychologen sagen: Sei dir selbst die beste Freundin! Wenn Sie also eine gute Idee haben und die Stimme im Kopf oder ein diffuses Gefühl im Bauch Ihnen sagt: „Ach was, so gut ist die Idee nun auch wieder nicht!", dann machen Sie innerlich einen Schritt zurück und stellen sich vor, was Ihre beste Freundin zu dieser Stimme, diesem Gefühl sagen würde. Ganz sicher etwas wie: „Nun spinn hier nicht rum! Die Idee ist gut. Und lass dir bloß nichts anderes einreden. Du bist doch sonst auch nicht so ein Hasenfuß!" Na also.

To do Was geht in Ihrem Kopf vor, wenn Sie eine gute Idee haben? Welche Stimme meldet sich? Welches Gefühl kommt hoch? Notieren Sie, wenn Sie möchten:

_____

_____

_____

Und nun stellen Sie sich vor, was Ihre beste Freundin zu dieser Verzagtheit sagen würde. Sagen Sie es sich. Schreiben Sie es auf, wenn Sie möchten, damit es besser „sitzt":

_____

_____

_____

Sagen Sie sich diese Dinge immer wieder aufs Neue, wenn sich die lästige Stimme im Kopf oder das dumme Gefühl meldet. Je häufiger Sie das tun, desto schneller verschwindet die alte Stimme und Ihr Selbstbewusstsein wächst. Sie haben gelernt, zu Ihren eigenen Ideen zu stehen. Mehr noch: Sie haben gelernt, zu sich selbst zu stehen. Herzlichen Glückwunsch.

 Wer einen Schritt neben sich macht, kann die Idee objektiv betrachten und ihre Güte realistisch einschätzen.

Kommen Sie zu der Einschätzung, dass die Idee aus zwei bis drei guten Gründen objektiv gut ist, haben Sie die erste Angst überwunden. Bleibt die zweite: die Angst vor der Ablehnung der anderen. Diese Angst haben wir bereits bei der Informationsbeschaffung (s.o. Abschnitt „Informationshindernisse überwinden") überwinden gelernt:

 Gestehen Sie sich selbst das Recht zu, eine gute Idee vorzubringen. Gestehen Sie aber auch Ihren Kollegen, Mitarbeitern und Vorgesetzten zu, diese gute Idee nicht zu verstehen oder abzulehnen.

Denn Dummheit sollten Sie Ihren Mitmenschen niemals zum Vorwurf machen. Wenn einer eine gute Idee nicht als solche erkennt, dann hat er das Problem, nicht Sie. Bedanken Sie sich höflich für seine (dumme) Meinung und lassen Sie ihn in seiner seligen Ignoranz weiterleben.

Und vor allem: Koppeln Sie Ihr Selbstbewusstsein nicht an eine einzige Idee! Dass Ihre Idee abgelehnt wurde, heißt ja noch lange nicht, dass Sie als Person abgelehnt wurden – obwohl genau diesem Trugschluss viele Frauen erliegen. Sie bestehen nicht aus einer einzigen Idee. Sie sind viel mehr. Machen Sie sich das klar, wenn die Verzagtheit Sie ergreifen möchte.

Checkliste: Keine Chance dem Ideenklau!

❏ Stellen Sie sich bei Informationen, die Sie geben, immer die Folgenfrage: Was passiert außer der gewünschten positiven Wirkung noch mit oder wegen dieser Information?

❏ Ideenklau: Ärgern Sie sich nicht darüber, rechnen Sie damit. Wer seine Ideen nicht schützt, lädt Räuber zum Ideenraub ein.

❏ Vorwürfe bekehren keinen Ideenräuber.

❏ Petzen Sie einen Ideenklau nicht dem Vorgesetzten.

❏ Versuchen Sie nicht, „vernünftig" mit einem Ideenräuber zu reden. Ideenräuber sind nicht vernünftig.

❏ „Das ist unfair!" Jammern bringt bei Ideenklau nichts.

❏ Fordern Sie von einem Ideenräuber keine Unterlassung, sondern konkrete Gegenleistung.

❏ Erzählen Sie gute Ideen nicht herum, auch und gerade nicht im trauten Kreis – denn da sitzen die Räuber.

❏ Erzählen Sie gute Ideen nicht herum, stecken Sie vielmehr Ihr Claim ab, schriftlich: Danach kann keiner mehr klauen.

❏ Stehen Sie zu Ihren guten Ideen. Überwinden Sie innere Stimmen argumentativ, die Ihnen einreden wollen, dass die Idee vielleicht gar nicht so gut sei.

❏ Mit jeder Idee, die Sie sich selbst nicht miesmachen, die Sie sich nicht klauen lassen, deren Claim Sie abstecken und zu der Sie stehen, kommen Sie ein großes Stück vorwärts.

❏ Aktives Ideen-Management zahlt sich immer aus!

3 Männer sagen nicht die Wahrheit

Wenn Männer schwindeln

Männer informieren anders als Frauen. Männer informieren zum Beispiel so, dass es sie persönlich und beruflich weiterbringt. Zu den dafür eingesetzten Mitteln zählt auch das Gegenteil der Information; vornehm ausgedrückt: die Desinformation. Man könnte es auf gut Deutsch auch Lüge nennen. Doch das ist etwas problematisch, weil eine Lüge immer die Absicht zu lügen voraussetzt. Drücken wir es etwas konstruktiver aus: Männer sagen oft auch die Wahrheit. Aber sie sagen immer, was ihnen nützt.

Frauen tun das auch. Das Problem ist nur: Frauen unterstellen zu oft, dass ein Mann die Wahrheit sagt, während er lediglich etwas sagt, was ihm nützt. Und das bringt Frauen in Schwierigkeiten. Dazu ein Beispiel.

 Sigrid Müller, Key Accountant eines Investitionsgüter-Herstellers, verhandelt mit einem Großkunden. Dieser sagt: „Frau Müller, nun geben Sie sich doch einen Ruck und lassen Sie uns diese fünf Prozent zusätzlich nach. Wir werden doch langfristig zusammenarbeiten. Wir reden über fünf, zehn Jahre. Da kriegen Sie doch diese lächerlichen fünf Prozent mehrfach wieder rein!" Sigrid überlegt: Das Argument ist gut, eine langfristige Kundenbeziehung wirkt sich tatsächlich positiv auf die Rendite aus. Also gibt sie nach.

Was tut der Kunde? Er kassiert das Geschenk lächelnd – und lässt nie wieder was von sich hören. Als Sigrid verunsichert nachhakt, bekommt sie zu hören: „Wir befinden uns gerade in einer Umstrukturierung – wir reden später darüber." Nämlich am Sankt-Nimmerleins-Tag. Sigrid ist empört: „Der hat mich glatt angelogen! Wie können Männer so verlogen sein?!" Eine verständliche Frage. Sigrids Kollegin Lena stellt eine andere verständliche Frage: „Wie konntest du nur so naiv sein?" Naiv bedeutet, die Realität nicht zu erkennen. Und die Realität ist leider: Männer sagen nicht immer die Wahrheit. Sie schwindeln oft.

Die Lüge mit der langfristigen Beziehung

Die Lüge mit den langfristigen Beziehungen ist zum Beispiel eine so typische Lüge, dass sie bereits in der Verkäuferliteratur und in jedem anständigen Verkaufsseminar behandelt wird unter dem Motto: „Auf welche Tricks Ihrer Kunden Sie auf keinen Fall hereinfallen sollten (wenn Sie Wert auf Ihren Arbeitsplatz legen)." Die Lüge mit der langfristigen Beziehung ist also für die meisten Männer keine Lüge mehr, sondern nur ein „Trick", eine im Geschäftsleben durchaus erlaubte Finte. Denn schließlich kennt sie ja jeder und jeder kann damit rechnen. Das erklärt, warum Männer so gerne, so unreflektiert und so oft lügen:

 Die Business-Lüge ist für die meisten Männer keine Lüge. Sie glauben tatsächlich: „Im Krieg, in der Liebe und im Geschäft ist alles erlaubt."

Ein Mann darf ganz offiziell der Angebeteten die Sterne vom Himmel versprechen und nach der Hochzeit holt er nicht einmal sein Bier aus dem Keller. Daran finden viele Männer nichts. Für sie ist das ganz normal. Das ist nicht das Problem. Das Problem ist: Warum fallen wir immer wieder darauf herein?

STOP Auf welche Versprechungen von Männern fallen Sie immer wieder herein? Möchten Sie das abstellen? Dann notieren Sie doch einfach die tollsten Versprechungen:

_____

_____

Jaja, der Platz reicht nicht. Wenn man mal damit begonnen hat, findet man kein Ende. Nehmen Sie am besten ein ganzes Blatt dazu.

Warum fallen wir immer wieder darauf herein?

Z.B. Sigrid Müller hat einen Kollegen, der als Kundenfeuerwehr eingesetzt wird: Wenn es brennt, muss er los. Meist ganz überraschend. Wird er überrascht, gibt er oft dringende Arbeiten an Sigrid ab: „Du, ich muss schnell weg, es brennt bei Kunde X, könntest du noch schnell diesen Bericht ins Reine bringen? Dauert höchstens zehn Minuten. Hier sind die nötigen Unterlagen."

Sie können es sich denken: Zehn Minuten sind es nie. Waren es nie. Und von wegen nur noch ins Reine bringen. Sigrid sitzt oft Stunden über dem Stückwerk des Kollegen. Er lügt sie offensichtlich an. Das ist unerhört. Noch unerhörter ist, dass Sigrid immer wieder darauf hereinfällt.
Wie kann das sein? Sigrid sagt: „Ich denke mir immer: So dumm kann er doch nicht sein, es schon wieder zu versuchen. Diesmal meint er es bestimmt ehrlich." Hinterher ist Sigrid dann wütend auf sich und den Kollegen, weil er es eben wieder versucht hat –

und weil sie wieder darauf hereingefallen ist. Sie fällt herein, obwohl sie es besser weiß. Immer wieder. Warum?

 In vielen Frauenköpfen ist der Autopilot der Unschulds-vermutung aktiviert: Diesmal meint er's ernst

Die Unschuldsvermutung ist ein unbewusster Mechanismus: Redet jemand mit uns, unterstellen wir ganz automatisch, ohne dass wir es bewusst merken, dass er es ehrlich mit uns meint. Auch wenn wir davor hundertmal das Gegenteil erlebt haben. So seinen Instinkten ausgeliefert zu sein ist deprimierend, nicht? Nein, es ist herrlich. Denn wenn Ihnen erst einmal bewusst ist, weshalb Sie unbewusst auf die Männerlügen hereinfallen, können Sie diesen unbewussten Automatismus ganz bewusst ausschalten, nämlich mit der

 Münchhausen-Hypothese: Wenn ein Mann Ihnen etwas verspricht, gehen Sie davon aus, dass er teilweise oder ganz lügt.

Meint er, was er sagt?

Oder um es weniger scharf zu formulieren: Stellen Sie sich die Frage: Meint er, was er sagt? Diese Frage nutzt allen und schadet keinem. Denn lügt er nicht, ist nichts verloren. Sie müssen ihm Ihr gesundes Misstrauen ja nicht auf die Nase binden à la: „Du lügst ja doch wieder!" Das wäre eine rhetorische Dummheit. Es gibt viel bessere Mittel.

Sigrid kennt eines. Wann immer ein Kunde – und jeder dritte probiert es – wieder einen Rabatt wegen einer fadenscheinigen Versprechung will, sagt sie: „Gerne gebe ich Ihnen diesen Rabatt. Lassen Sie uns kurz festhalten, welches die versprochene Gegen-leistung ist." Entweder der Kunde meint es ernst: Dann freut er sich sogar, wenn ein vertragsähnliches Papier aufgesetzt wird. Oder er hat gelogen: Dann spielt er den Beleidigten und macht einen Rückzieher. Ein Schaden entsteht dabei jedoch nicht. Im

Gegenteil. Sigrid verhindert damit, dass sie über den Tisch gezogen wird. Und der Mann ist ihr nicht böse, im Gegenteil: „Die Dame kennt sich aus. Mit der kann ich's nicht machen. Die ist so clever wie ich." Das verdient seinen Respekt.

To do — Welche Gegenleistung fordern Sie künftig von Kollegen, auf deren (oben notierte) Versprechungen Sie ständig hereinfallen? Notieren Sie, wenn Sie möchten:

_____

_____

_____

Warum lügen Männer?

Warum lügen Männer bei Versprechungen häufiger und heftiger als Frauen? Weil Männer in der Regel weniger beziehungsorientiert sind. Viele sind buchstäblich fassungslos, wenn Frauen wütend werden oder zu weinen anfangen, wenn sie herausfinden, dass sie belogen worden sind. Männer antworten darauf – und man kann ihnen das durchaus abnehmen: „Aber was hast du denn? Du kannst das doch unmöglich ernst genommen haben! So ein bisschen schwindeln ist doch ganz normal bei diesen Dingen!" Männer lügen, weil ihnen die Folgen der Lüge für eine Beziehung nicht so transparent sind und nicht so gravierend erscheinen. Sie gehen davon aus, dass alle Menschen so sind wie sie und sich von einer Lüge nicht sonderlich beeindrucken lassen. Sie übersehen, dass dem nicht so ist. Frauen haben ein besseres Gespür dafür, was Menschen und Beziehungen stört. Deshalb vermeiden sie alles, was stören könnte.

Sie begehen dabei jedoch denselben Fehler wie die Männer. Sie gehen davon aus, dass alle Menschen dasselbe Gespür haben:

Ein bisschen schwindeln ist doch ganz normal!?

Haben sie aber nicht. Männer haben ein viel geringeres Gespür für Beziehungen. Wer also alle Menschen gerecht, das heißt nach ihrer spezifischer Persönlichkeit behandeln wollte, müsste dementsprechend Frauen gegenüber ehrlich und Männern gegenüber unehrlich sein. Denn das ist es, was beide jeweils erwarten. Aber das ist eine eher philosophische Schlussfolgerung. In der täglichen Praxis löst frau das Problem viel einfacher, wie wir gleich sehen werden.

Männerlügen im Business-Alltag: Die Münchhausen-Hypothese

Wie sollten Sie nun mit dem umgehen, was Ihnen Männer täglich erzählen? Ganz einfach: Legen Sie generell die Münchhausen-Hypothese (s.o.) als Prüfkriterium an: Inwiefern lügt der Kerl (ganz – teilweise – nicht)?
Es ist sehr erfrischend, erfolgreichen Frauen bei der Anwendung der Münchhausen-Hypothese zuzuschauen.

 Sally zum Beispiel ist Akquisiteurin für ein Konsumgüter-Unternehmen. Sie sagt: „Wenn wir eine neue Zielgruppe erschließen und ich zum ersten Mal raus an die Kundenfront muss, werden wir von den Feld-Scouts gebrieft. Wenn einer der männlichen Scouts von der Ergiebigkeit und Problemlosigkeit der neuen Zielgruppe schwärmt, ziehe ich gleich mal 60 Prozent Lügengeschichte davon ab."

Das ist gut. Denn so fällt Sally nicht auf die Lügen herein, lässt sich kein X für ein U vormachen und landet draußen beim Kunden nicht auf der Nase, wenn sich das U als X herausstellt. Noch viel wichtiger, als die Lügen der Männer als solche zu entlarven, ist jedoch herauszufinden, warum Männer lügen.

Die Wirkungsvermutung: Männer lügen, um eine bestimmte Wirkung zu erzielen.

Wenn Sie diese Wirkung kennen oder erahnen, können Sie sich viel besser vor den Folgen von Männerlügen schützen. Welche Wirkung strebt zum Beispiel ein männlicher Feld-Scout mit seinen Lügen an? Er möchte verhindern, dass ihm die Verkäufer eine Menge unangenehmer Fragen zu einer neuen Zielgruppe stellen, und schildert die Zielgruppe deshalb als problemlos und handzahm. Daraus folgt: Klären Sie bei jeder Aussage die dahinterstehende Absicht. Denn diese Absicht ist die Reaktion, zu der Sie manipuliert werden sollen.

 Die Absichtsklärung: Wenn ein Mann mit Ihnen redet, fragen Sie sich immer: Was will er damit erreichen? Was will er von mir?

Auf welche Fährte möchte er Sie locken? Fallen Sie darauf herein? Sind Sie so leichtgläubig, blauäugig und naiv, wie er das gerne hätte?

 Wenn Sie möchten, dann stellen Sie doch einmal die typischen Lügen zusammen, die Sie täglich zu hören bekommen, und stellen Sie die in ihnen versteckte Absicht gegenüber:

Die Lüge   Die Absicht dahinter

_____   _____

_____   _____

_____   _____

Was tun Sie zum Beispiel, wenn ein Mann zu Ihnen sagt: „Nun stell dich doch nicht so an!"? Sie stellen sich nicht so an – tatsächlich? Das wäre dumm. Denn das ist genau das, was er möchte. Möchten

Sie sich so leicht manipulieren lassen? Nein. Fragen Sie sich deshalb: Was will er damit erreichen? Dass Sie etwas tun, das Ihnen nicht gut tut, sondern das ihm nützt.

 Fragen Sie sich: Was will er von mir? Und will ich das auch?

Wenn Sie das nicht wollen, dann sagen Sie es – oder schlagen Sie Vorteil daraus, indem Sie eine Gegenleistung fordern. Konkretes Beispiel:

 Frank lädt bei Sally immer mal wieder seine Monatsberichte ab:

„Ich würde gerne, aber ich muss dringend zu einem Kunden."

„Das sagst du doch immer, wenn es um die Berichte geht!"

„Nun stell dich doch nicht so an! Wir sind doch Kollegen. Eine Hand wäscht die andere."

„Okay, dann wasch mir meine, wenn es ums Werbemittelbudget geht: Rechne das nächste Quartalsbudget für mich durch!"

Frank murrt zwar jedes Mal, wenn Sally derart knallhart eine Gegenleistung fordert – doch er geht auch jedes Mal darauf ein. Und hat keine Probleme damit. Im Gegenteil: „Seit Sally ihren Mann steht, respektiere ich sie als Kollegin viel stärker."

Frauen fordern immer wieder, dass Männer sie als gleichwertige Partnerinnen akzeptieren sollen. Nun, dann sollte frau sich auch als gleichwertig zeigen und verhalten. Verhalten Sie sich gleichwertig?

Die Karrierelüge

Frauen lassen sich besonders oft und leicht beim Vorwärtskommen belügen:

„Herr Direktor, bekomme ich nun ein eigenes Projekt?"
„Natürlich. Das hatten wir doch vereinbart."

Und? Sind Sie damit zufrieden? Es ist verrückt, doch viele Frauen sind es. (Die meisten) Männer nicht. Wissen Sie, was ein Mann auf die Antwort des Direktors erwidern würde?

„Schön und gut – aber wann? Und welches? Warum geht das nicht schneller? Und warum nicht eine Nummer größer?"

Dem Direktor wird das nicht schmecken. Aber er sieht daran wenigstens: Dieser Mann will vorwärtskommen.

 Was die Karriere betrifft, lassen sich Frauen leichter belügen und vertrösten.

Sie wissen inzwischen, wie man mit solchen Lügen umgeht. Sie wenden einfach an:

- ❑ die Münchhausen-Hypothese: Der Mann lügt.
- ❑ die Wirkungsvermutung: Was will er damit? Seine Ruhe.
- ❑ die Interessenfrage: Will ich das auch?

Nein, ich will zwar, dass er seine Ruhe hat, aber auch, dass ich weiterkomme. Also verbinde ich beides und frage in aller Ruhe nach meinem Vorwärtskommen.
Die diversen Fallen auf dem Karriereweg werden wir noch genauer in Teil IV des Buches betrachten.

Müssen Sie lügen können, um vorwärtszukommen?

Männer haben eine explizite Lügen-Ethik. Sagt der Geschäftsführer eines norddeutschen umsatzmillionenschweren Unternehmens: „Wenn du heute nicht alle nach Strich und Faden belügst – das Finanzamt, die Lieferanten, die Kunden, die Mitarbeiter – dann zieht dich doch jeder übern Tisch!"

Lügen funktionieren häufig

Eine abstruse Ethik – das Problem ist nur: Wenn Männer lügen und Frauen nicht, dann haben Männer ganz klar einen Vorteil im Business. Denn viele der Lügen funktionieren ja. Man sieht das an Sally: Sie gab 5 Prozent (mehrere tausend Euro) nach, weil ein Mann sie belog. Deshalb stellen sich die meisten Frauen die Frage: Wenn ich es im Business und in einer männerdominierten Welt zu etwas bringen möchte – muss ich dann lügen können wie ein Mann? Darauf gibt es zwei Antworten: Ja und Nein. Ja, wenn Sie lügen möchten, wenn Sie lügen können und wenn Sie es den Männern mit gleicher Münze heimzahlen wollen.

Lügen Sie, wenn und soweit Sie können und möchten

Neulich sagte die Innendienstleiterin eines westfälischen Unternehmens: „Ich habe dem Vertriebsleiter gesagt, dass wir keinen einzigen Reisebericht mehr auswerten, der nicht vollständig ist. Ist natürlich Quatsch. Aber ein bisschen übertreiben muss man bei den Außendienstlern schon, damit sich überhaupt was regt." Ist es Ihnen aufgefallen? Die ID-Leiterin praktiziert eine aktive Grenzziehung: Sie lügt „ein bisschen" – sie übertreibt, weiter würde sie nicht gehen. Sie respektiert ihre eigenen Grenzen und bewahrt sich dadurch ihre eigene Ethik – das muss nicht *Ihre* Ethik sein.

Wenn Ihnen diese Art von taktischer Lüge (weiße Lüge nennt der Amerikaner das: eine Lüge, deren Nutzen für alle größer ist als deren Schaden) nicht liegt, dann probieren Sie es doch einfach mit dem Gegenteil: Ehrlichkeit.

z.B. Melanie ist Einkäuferin. Sie weiß, dass viele Kollegen mit der Lüge von der langfristigen Beziehung (s.o.) die Lieferanten im Preis drücken. Melanie macht das anders. Sie macht es ehrlich. Sie macht es sogar doppelt ehrlich; sie spricht die Lüge an:

„Ich könnte Ihnen jetzt natürlich etwas von einer langfristigen Beziehung erzählen, damit Sie mir noch einen größeren Rabatt geben. Ich kenne auch Kollegen, die das tun. Übrigens sehr erfolgreich. Ich halte nichts davon. Denn wie kann ich erwarten, dass Sie fair zu mir sind, wenn ich es nicht bin? Also sage ich Ihnen ganz ehrlich: Zu diesem Preis kommen wir nicht ins Geschäft. Ich finde Ihr Angebot qualitativ hervorragend. Aber wenn Sie mir nicht ... Prozent nachlassen, muss ich ein Angebot von minderer Qualität nehmen. Tut mir leid, so sind bei uns die Einkaufsvorschriften.“

Natürlich: Melanie handelt sich mit ihrer Ehrlichkeit manchmal einen Korb ein. Ungefähr in zwei von zehn Fällen. In den meisten Fällen fährt sie jedoch besser als die lügenden Kollegen. Denn unter Verkäufern spricht sich schnell herum, welche Einkäufer Spielchen spielen, lügen und tricksen. Das heißt: Ehrlichkeit ist nicht nur besser für die individuelle Moral, für die Ethik und eine langfristige Geschäftsbeziehung. Sie ist langfristig auch besser für das Geschäft selbst. Denn Ehrlichkeit wird langfristig immer honoriert. Ein Verkäufer, mit dem Melanie hin und wieder zu tun hat, sagt: „Ist doch klar, dass ich Frau Steiner gleich das bessere Angebot mache. Wer keine Spielchen mit mir spielt, mit dem muss ich auch keine Spielchen spielen.“

Notorische Lügner und Trickser sind weithin bekannt: Jeder Gesprächspartner stellt sich darauf ein.

Seien Sie ehrlich, aber stehen Sie auch zu Ihrer Wahrheit und verteidigen Sie sie

Die weinerliche Ehrlichkeit

Tipps haben ihre Tücken. Wenn ich Frauen, die ungern lügen, beim Coaching oder im Seminar den Tipp gebe, es doch mit Ehrlichkeit zu versuchen, dann kriegen das viele recht gut hin und fahren sehr gut damit. Einige haben damit jedoch Probleme, die auf den ersten Blick überraschend sind.

 Viele Frauen verwechseln Ehrlichkeit mit Jammern.

 Melanie zum Beispiel verstand früher Ehrlichkeit so: „Herr Meier, ich würde ja schon gerne abschließen, aber ich kann zu diesem Preis nicht. Was soll ich denn machen? Mir sind die Hände gebunden. Was meinen Sie, was mein Chef dazu sagt? Es tut mir wirklich echt leid." Melanie dachte, dass sie umso mehr Verständnis findet, je mehr sie jammert. Das Gegenteil ist der Fall.

 Wer jammert, bekommt selten Mitleid.

Sondern? Richtig, wir wissen es alle: einen Rat. Melanie wurde zum Beispiel oft geraten: „Dann sagen Sie Ihrem Chef eben, dass wir nicht weiter im Preis nachgeben können." Heute weiß Melanie, dass es einen Unterschied zwischen Ehrlichkeit und Jammern gibt. Sie sagt heute: „Tut mir leid, zu diesem Preis kommen wir nicht ins Geschäft. Da beißt die Maus keinen Faden ab." Sie jammert nicht. Sie sagt klipp und klar, was die Wahrheit ist. Ohne Beschönigung, die missverstanden werden könnte. Ohne Mitleidstour, die missverstanden werden muss. Sie steht ganz einfach zur Wahrheit. Ohne Wenn und Aber.

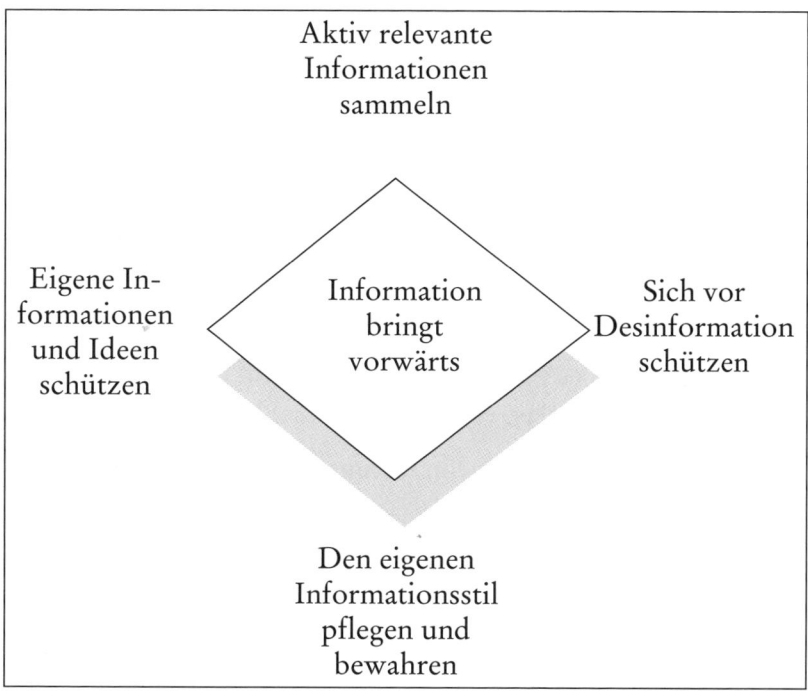

Information – Basis des Erfolgs

Warum versuchen viele Frauen, dem Gegenüber die harte Wahrheit etwas weicher zu gestalten? Weil sie an seine Gefühle denken: „Das könnte ihn verletzen." So viel Rücksichtnahme ist gut. Aber stellen Sie sich auch die Folgenfrage: Was ist die Folge, wenn ich die Wahrheit abmildere? Dass beide im Endeffekt schlechter dastehen. Ihr Gegenüber weiß nicht, was Sie wollen. Und Sie bekommen auch noch einen unerwünschten Ratschlag zu hören. Damit ist keinem von beiden gedient. Mütter wissen das: Manchmal muss man dem Kind einfach die ungeschminkte Wahrheit sagen. Denn tut man es nicht, tut es dem Kind mehr weh, als es die Wahrheit tun könnte.

Manchmal muss man die ungeschminkte Wahrheit sagen

Checkliste: Lassen Sie sich nicht belügen!

- ❏ Seien Sie nicht empört, wenn ein Mann Sie belügt: Rechnen Sie damit. Viele Männer lügen gewohnheitsmäßig. Stellen Sie sich auf diese Gewohnheit ein.

- ❏ Warum fallen Sie immer wieder darauf herein? Wegen der Unschuldsvermutung: Diesmal meint er's ernst! Streichen Sie diese Vermutung aus Ihrem Kopf (Einstellungsarbeit).

- ❏ Verwenden Sie dafür die Münchhausen-Hypothese: Gehen Sie davon aus, dass er (ganz, teilweise) lügt.

- ❏ Fragen Sie sich (Absichtsklärung): Was will er mit seiner Lüge von mir? Und will ich das auch?

- ❏ Wenn Sie das nicht auch wollen: Fordern Sie für die Erfüllung der versteckten Forderung eine konkrete Gegenleistung.

- ❏ Lügen Sie zurück, wenn Sie können und möchten.

- ❏ Wenn nicht, dann bleiben Sie ehrlich: Ehrlichkeit ist langfristig erfolgreicher und (wirtschaftlich) rentabler als Tricks, Lügen und Spielchen.

- ❏ Aber: Nicht weinerlich ehrlich sein, sondern: Stehen Sie zur Wahrheit. Ohne Wenn und Aber.

- ❏ Mit jeder Lüge, die Sie als solche erkennen, kommen Sie Ihren Zielen einen Schritt näher. Und weil es im Geschäftsleben nur so vor Halbwahrheiten wimmelt, kommen Sie täglich viele Schritte vorwärts!

4 Nutzen Sie weibliche Informationsstärken

Die Stärken einer informierten Frau

Männer informieren (sich) anders als Frauen. Bislang haben wir jene Bereiche des Informationsverhaltens betrachtet, in denen Frauen Männern (bislang) mehrheitlich unterlegen sind:

❑   Karriereklatsch (s. Kapitel 1)
❑   Ideenklau (s. Kapitel 2)
❑   Business-Lüge (s. Kapitel 3)

Jetzt wenden wir uns den Stärken der Frau zu; jenen Informationsbereichen und -stilen, bei denen Frauen Männern überlegen sind. Wir betrachten im Folgenden drei der nützlichsten Informationsstärken genauer: Frauen informieren in der Regel

1.   konsequenter,
2.   sensibler,
3.   gleichgeordneter

als ihre männlichen Kollegen.
Das sind drei handfeste und überragende Vorteile, wenn man es zu etwas bringen will in Beruf und Gesellschaft. Das ist die gute Nachricht. Schlechte Nachrichten gibt es leider auch:

1.   Den meisten Frauen sind diese Informationsstärken zwar zu eigen, sie nehmen sie aber nicht bewusst wahr und können sie deshalb auch nicht bewusst einsetzen.

2. Viele Frauen geben, sobald sie in leitende Positionen aufsteigen, exakt diese überragenden Vorteile auf; sie vermännlichen (unbewusst) ihren Informationsstil.
3. Frauen, welche diese drei Stärken einsetzen, werden von den in dieser Hinsicht weniger begabten Männern angefeindet.

Daraus ergeben sich drei Empfehlungen, die wir in den folgenden drei Unterkapiteln näher betrachten wollen:

 Machen Sie sich Ihre Informationsstärken bewusst, damit Sie diese aktiv einsetzen können. Schützen Sie Ihre Stärken vor Angriffen und Ihren Sprachstil vor der Vermännlichung.

Frauen informieren konsequenter

Männer informieren gerne im Befehlston: „Nun machen Sie mal!" Das hat Vorteile, wenn es sich um simple Tätigkeiten handelt, bei denen der Angesprochene kaum oder kein eigenes Engagement, keine Kreativität und keine eigenen kognitiven Fähigkeiten einbringen muss. Leider machen diese Tätigkeiten im Cyber-Business-Zeitalter nur noch ungefähr 10 bis 20 Prozent aller Tätigkeiten aus. Das heißt: Frauen sind bei 80 Prozent aller Anweisungen von Haus aus überlegen, weil sie selten den Befehlston verwenden.

„Wir sollten ..., weil ..."

Wenn Frauen nicht wie ein Feldwebel herumbrüllen, wie geben sie dann ihre Anweisungen? Frauen weisen signifikant häufiger unter Angabe der Konsequenzen an: „Wir sollten das umsetzen, weil wir damit einfach mehr Aufträge pro Stunde bewältigen können." Aha, sagt der Mitarbeiter, also deshalb erwartet sie das von mir! Wer weiß, worum es geht, arbeitet motivierter.

Tipp Informieren Sie unter Angabe der positiven (und negativen) Konsequenzen: Das motiviert.

Oder einfach gesagt: Frauen motivieren besser als Männer. Und jetzt wissen Sie auch, warum – weil sie das *Warum* und *Wozu* in ihren Informationen mitliefern. Wenn das so einfach und wirkungsvoll ist, warum kopieren dieses Erfolgsrezept nicht längst alle Männer? Sie wollen schon, doch ihre Einstellung verhindert das. Denn Männer können im Grunde nur schwer per Konsequenz motivieren, weil sie per Erfahrung motivieren müssen – das ist ein innerer Zwang, welcher der Profilierung dient: „Was? Das sehen Sie nicht? Das ist Ihnen nicht klar? Aber das ist doch sonnenklar! Das war mir schon vor Jahren klar!" Männer verwenden Informationen, um anderen etwas zu beweisen. Und dazu passt – ihrer Meinung nach – besser der Kasernenhofton.

Aus der typisch männlichen Informationstaktik spricht die innere Überzeugung: „Mach es, weil ich es besser weiß und mehr Erfahrung habe." Aus der weiblichen Taktik spricht die Einstellung: „Mach es, wenn du einsiehst, dass es nötig ist." Es liegt auf der Hand, welche Taktik besser motiviert. Doch weil Männer (wie Frauen auch) nur ungern ihre Einstellung ändern, wandelt sich auch ihre weniger erfolgreiche Taktik nicht. Menschen setzen lieber eine unwirksame Taktik ein, als die dahinterstehende Einstellung zu ändern.

Männliche und weibliche Informationstaktik

Frauen informieren sensibler

Den meisten Männern ist es herzlich egal, was ihre Informationen bei anderen auslösen – „Hauptsache, es ist Furcht, Schrecken und unbedingter Gehorsam", wie es ein Bereichsleiter eines Kfz-Herstellers halb (aber nur halb) scherzhaft einmal formulierte.

Frauen dagegen informieren sensibel für die Gefühle ihrer Adressaten. Das ist katastrophal, wenn sie übers Ziel hinausschießen und

dabei so windelweich formulieren, dass das Gegenüber keine Chance mehr hat, herauszuhören, was eigentlich gemeint ist. Schließen Sie diese Gefahr aus, indem Sie sich fragen:

- ❑ Ist meine Information deutlich genug?
- ❑ Bewirkt sie das, was ich möchte?

Wie man in den Wald hineinruft, so schallt es heraus

Wenn Sie dieses Anfangsrisiko eliminiert haben, entfaltet sich die volle Wirkung einer sensiblen Information: Adressaten fühlen sich von Ihnen nicht nur gut informiert, sondern akzeptiert, verstanden, gut aufgehoben. Sie wirken nicht – wie ein Mann es tut – als Befehlsgeber und Gefühlskrüppel, sondern mehr als Freund, Trainer, Coach. Auch deshalb sind in von Frauen geführten Abteilungen Klima, Arbeitsmotivation und Produktivität meist besser, sind Fluktuation und Fehlzeiten geringer: Frauen informieren so, dass sie nicht nur den Befehlsempfänger und Mitarbeiter treffen, sondern den ganzen Menschen ansprechen. Das zahlt sich aus. Bewahren Sie sich diesen Vorteil.

Die Information auf einer Ebene

Männer informieren gerne von oben herab: Ich Allwissender – du hilfesuchendes Würstchen. Deshalb horten sie ja Informationen: Um damit glänzen zu können. Frauen haben das nicht nötig (nutzen aber auch den Vorteil daraus nicht).

Frauen informieren tendenziell auf einer Ebene: von Mensch zu Mensch. Das kommt natürlich besser an. Deshalb fragen viele Mitarbeiter lieber eine Frau als einen Mann. Wer möchte sich schon gerne als kleines Würstchen darstellen lassen?

 So weit Sie es auch in der Hierarchie bringen, bleiben Sie auf einer Kommunikationsebene.

Es fällt auf, dass man mit vielen Geschäftsführerinnen beim Stehempfang minutenlang plaudern kann, ohne ihre Position zu erfahren. Der Geschäftsführer hängt dagegen den Geschäftsführer raus: je schneller und aufdringlicher, desto besser (meint er).

Die weibliche Taktik hat ungeheure Vorteile bei allen Verhandlungen: Sie schafft ein sehr angenehmes Verhandlungsklima. Das ist wichtig, denn das Verhandlungsklima ist ein lange unterschätzter, bedeutender Erfolgsfaktor von Verhandlungen. Die weibliche Taktik schafft ein besseres Arbeitsklima, stärkere Motivation und höhere Produktivität unter Mitarbeitern (von denen keiner ein Würstchen sein möchte). Also nutzen Sie sie bewusst und gezielt.

Das Verhandlungsklima als Erfolgsfaktor

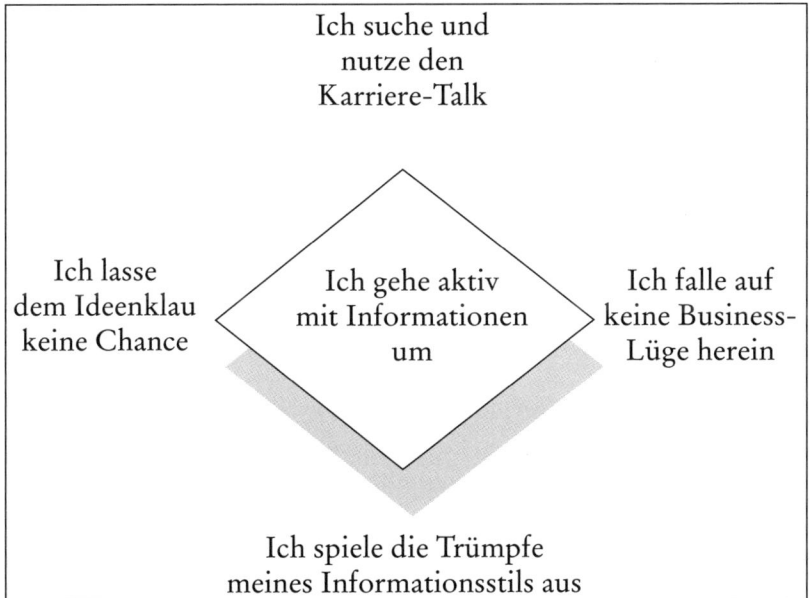

Information – die kategorischen Imperative

Checkliste: Informationsstärken nutzen

- ❏ Machen Sie sich die Vorteile des „typisch weiblichen" Informationsstils bewusst.

- ❏ Nutzen Sie diese bewusst und aktiv.

- ❏ Zeigen Sie die Konsequenzen von Bitten und Weisungen auf: Das motiviert.

- ❏ Geben Sie acht auf die Gefühle Ihres Gegenübers, aber halten Sie Ihre Information trotzdem so klar wie möglich.

- ❏ Reden Sie nicht von oben herab, sondern auf einer Ebene mit dem Gesprächspartner.

Checkliste: Information bringt Sie voran

Lassen Sie uns noch einmal ganz kurz einige Tipps und Erkenntnisse aus den zurückliegenden vier Kapiteln zum Thema „Information als Erfolgsfaktor" zusammenfassen:

- ❏ *Je besser Sie informiert sind, desto leichter und schneller kommen Sie voran.* Also: Informieren Sie sich aktiv. Warten Sie nicht, bis die Neuigkeiten zu Ihnen kommen.

- ❏ *Bauen Sie diese Informationsbeschaffung zum Netzwerk Ihrer Informanten aus.* Dazu müssen Sie nicht viel über Networking wissen: Allein der regelmäßige Umgang mit Informanten und deren Pflege ist Networking genug.

- ❏ *Ihre guten Ideen sind Ihr Kapital!* Also verschleudern Sie es nicht leichtsinnig und offenherzig. Schützen Sie Ihre Ideen vor dem Ideenklau und präsentieren Sie sie so, dass auch Sie etwas davon haben.

❑ *Verfolgen Sie jeden Ideenräuber konsequent.*

❑ *Gewöhnen Sie sich endlich die Stimmen im Kopf ab,* die behaupten, dass Ihre Ideen „gar nicht so gut sind".

❑ *Männer lügen öfter, als Frauen vermuten.* Fragen Sie sich deshalb insbesondere bei männlichen Bitten, Versprechungen und Suggestionen: *Was willst du wirklich von mir? Und will ich das auch?*

❑ *Weibliche Informationsstärken:* Machen Sie sich diese bewusst und setzen Sie sie aktiv ein.

Erfolgsfaktor II:

Delegation

5 Wenn Männer Frauen für sich arbeiten lassen

Wovor Männer sich drücken

Wie viele Männer braucht man, um eine Rolle Toilettenpapier zu wechseln? Das weiß niemand, weil es noch nie vorgekommen ist. Was haben amerikanische Forscher entdeckt, wer die Arbeit von zehn Männern übernehmen kann? Eine Frau.

Viele von uns kennen diese Bürowitze. Sie sind auch deshalb so witzig, weil in jedem ein Körnchen Wahrheit steckt. Eine Junior-Produktmanagerin bei einem süddeutschen Investitionsgüter-Hersteller klagt:

„Wenn wir ein Projektmeeting haben, wer holt den Kaffee, schaut nach, ob die Flipchart-Stifte es noch tun, schaut nach den Blumen, lüftet das Zimmer und besorgt das Mineralwasser? Nicht die sieben Männer, sondern immer die beiden Frauen im Team!" **Wer sorgt für Kaffee, Stifte, Mineralwasser, frische Luft …?**

Wer versorgt das schmutzige Geschirr in der Kaffee-Ecke, schreibt die Sitzungsprotokolle, vertritt den Herrn Kollegen, der schon wieder „auf Weiterbildung" oder „beim Kunden" ist, oder erledigt die sturzöde Feasibility-Studie, um die sich seit Monaten alle (Männer) herumdrücken? Lauter rhetorische Fragen, auf die sich die Antwort erübrigt.

Die Kosten der Gutmütigkeit

Nun könnte man meinen, dass es zwar lästig, aber nicht weiter schlimm ist, wenn Frauen die Aufgaben erledigen, für welche sich **Frauen ziehen den Kürzeren**

Männer zu schade sind. Und viele Frauen meinen das auch. Sie betrachten das Arrangement als geschlechterspezifische Arbeitsteilung: „Wir erledigen die unangenehmen Aufgaben für euch und ihr macht für uns ... was auch immer." Leider geht diese Rechnung nicht auf. Es ist nicht so, dass Männer sich dafür revanchieren, dass ihnen Frauen ungeliebte Aufgaben abnehmen. Im Gegenteil. Die Frau zieht bei diesem Arrangement den Kürzeren.

Denn in der Zeit, in der Frauen Aufgaben erledigen, für die sich Männer anscheinend zu schade sind,

❑ können sie nichts anderes tun, zum Beispiel nichts, was sie wirklich vorwärtsbringt;

❑ bleibt ihre eigentliche Arbeit liegen (wofür sie nicht selten auch noch getadelt werden);

❑ haben Männer genügend Zeit, um wirklich wichtige Dinge zu tun;

❑ haben Männer genügend Zeit, ihre eigentliche Arbeit zu tun;

❑ haben Männer die Zeit, ihre Karriere voranzutreiben.

 Wenn Frauen es nicht so weit bringen wie Männer, liegt es auch daran, dass frau es mit der Erfüllung der von Männern verschmähten Aufgaben nicht weit bringt.

Wenn Sie bislang geglaubt haben, dass es nicht weiter schlimm ist, wenn Sie sich „erbarmen" und jedes Mal das Protokoll für die Teamsitzung schreiben, dann überlegen Sie doch einmal:

 Was kostet Sie Ihre Gutmütigkeit? Möchten Sie diese Kosten weiter tragen?

Wenn ja, dann ist das völlig in Ordnung für Sie. Oder möchten Sie es lieber weiterbringen im Leben, in der Gesellschaft, in der Beziehung und im Beruf? Ja? Dann kappen Sie den Abseilern das Seil.

Männer drücken sich: Die zehn besten Tricks

„Männer im Beruf sind nicht grundsätzlich und durchgängig arbeitsscheu", sagt die Publizistin Claudia Pinl. „Aber sie picken sich die Rosinen heraus." Wie machen sie das? Sagen sie zu den Frauen in ihrem Arbeitsumfeld etwa: „Ich picke mir jetzt die Rosinen heraus und du machst die unangenehmen Aufgaben!"? Nein, denn darauf würde nun wirklich keine hereinfallen.

Weil das die Männer schon lange herausgefunden haben, haben sie auch ebenso lange schon an der Entwicklung von Tricks arbeiten können, mit denen sie Frauen die unangenehmen Dinge des Lebens unterjubeln können, ohne dass jene sich darüber beklagen.

Männer delegieren ungeliebte Aufgaben mithilfe von Tricks an Frauen

Die Zahl dieser Tricks ist unbegrenzt. Greifen wir zur Anschauung nur die häufigsten heraus. Wenn ein Mann eine unangenehme Arbeit nicht machen möchte ...

- ❑ *Der Faultier-Trick:* ... macht er sie einfach nicht, sondern wartet darauf, dass eine Frau sie erledigt. Beispiel: Das schmutzige Geschirr bleibt so lange stehen, bis eine Frau sich „erbarmt".
- ❑ *Der Bagatell-Trick:* ... macht er einfach etwas anderes, zum Beispiel seine Büroklammern nach Farbe und Größe sortieren, was er nach außen als „dringende und überraschend hereingeplatzte Aufgabe" deklariert.
- ❑ *Der Idioten-Trick:* ... stellt er sich dumm: „Wo kommen die Tassen hin?", fragte ein Kollege bei einem deutschen Elektro-Konzern einmal eine Kollegin. Diese zeigte es ihm und räumte die Tassen dann gleich selbst auf. Der Clou: Auf den Türen des Küchenschranks stand (extra zur Orientierung von einer Frau angebracht) jeweils dick und fett auf Etiketten zu lesen: Tassen, Teller, Kannen ...
- ❑ *Der Abwesenheits-Trick:* ... ist er einfach nicht da. Er kommt zu spät in die Sitzung, damit er keine neuen Flipchart-Stifte

holen muss. Natürlich hat er dafür eine super Ausrede: „Es kam etwas Wichtiges dazwischen!"

❑ *Der Baby-Trick:* ... spielt er den Hilflosen: „Gabi, ich habe derart Probleme beim Formatieren der Reports – könntest du nicht?" Klar kann sie! Gerne sogar!

❑ *Der Perfektionisten-Trick:* ... macht er erst einmal eine Liste, während die Frau schon loslegt, weil es pressiert. Ist die Liste fertig, ist meist auch die Arbeit fertig. Weil aber die Liste dem Chef vorliegt, kriegt der Listengeier die Anerkennung – nicht die Frau, welche die Arbeit gemacht hat!

❑ *Der Zeitlupen-Trick:* ... macht er sie so langsam, dass frau sie ihm genervt aus der Hand nimmt.

❑ *Der Fehler-Trick:* ... baut er absichtlich oder grob fahrlässig so lange Fehler ein, bis sie ihm die Arbeit aus der Hand nimmt.

❑ *Der Größenwahn-Trick:* ... reißt er einfach die Arbeitsverteilung an sich, teilt sich für die „Konzeption, Organisation und das Management" ein, während frau die Arbeit macht.

❑ *Der Reise-Trick:* ... tritt er eine Reise an, geht auf Weiterbildung, Feldforschung, Kundenbesuch, zur Filiale – es gibt immer etwas, das man besuchen kann.

Es lohnt sich, ein Kollegenschwein zu sein

„Du musst ein Schwein sein in dieser Welt", sangen *Die Prinzen*. Wie wahr. Was Männer mit diesen zehn (und den restlichen 90) Tricks abziehen, heißt im Bürojargon „Kollegenschweinerei". Warum sind viele Männer hin und wieder Kollegenschweine? Weil sie gerne Schwein sind? Das unterstellen ihnen viele erboste Frauen. Doch das stimmt nicht. Der Grund für das Fehlverhalten ist ein rein ökonomischer: Es lohnt sich, ein Schwein zu sein.

Es lohnt sich, weil der Mann erstens die Arbeit nicht selbst machen muss, weil er zweitens trotzdem in den Genuss ihrer Früchte kommt und weil er drittens meist sogar die krönende Frechheit besitzt, die Ergebnisse als seine zu verkaufen und dafür die Lorbeeren einzuheimsen.

So war der Projektleiter eines Projektteams bei einem deutschen Rüstungsunternehmen in den letzten Jahren seltsamerweise immer in den Tagen vor einer wichtigen Präsentation, also wenn er sich voll in die Vorbereitung der Präsentation hätte knien müssen, auf „Geschäftsreise". Fünf Minuten vor dem Abflug „delegierte" er die ganze „Unterlagen-Sauerei" quasi mit der Schubkarre ins Büro der Teamassistentin. Um die Präsentation dann zu halten und dafür die Lorbeeren zu kassieren, war er natürlich wieder anwesend.

Das Problem an dieser Ausbeutung der Frau mit anschließender Annexion der verdienten Lorbeeren ist nicht so sehr die einmalige Ausbeutung, sondern der Gewöhnungseffekt:

 Wer einmal versäumt hat, Nein zu sagen, hat die Schweinerei jahrelang am Hals.

Charlotte zum Beispiel hat in den letzten Jahren dreimal die Position gewechselt – die Protokolle in ihrem Qualitätszirkel schreibt aber immer noch sie. Obwohl sie inzwischen eine der Ranghöchsten ist.

Kappen Sie Abseilern das Seil!

„Der hat sich abgeseilt!", sagt der Bürojargon über einen (Mann), der eine unangenehme Arbeit einem (einer) anderen aufs Auge gedrückt hat. Die Formulierung enthält schon die Lösung für das Problem: Kappen Sie das Seil!

Männer überlassen gerne die Ausführung von Aufgaben anderen, kassieren dann aber die Lorbeeren für die Aufgabenerfüllung

Erfolgreiche Frauen machen das so geschickt wie vielfältig: Es gibt viele Arten, ein Seil zu kappen. Wählen Sie jene, die zu Ihnen passen:

„Nein" – mit Variationen

- ❑ *Das höfliche, aber klare Nein* ist die einfachste Lösung. „Du, ich muss schnell ganz dringend zu einem Kunden. Könntest du … ?" „Nein." (Warum das manchmal so schwerfällt, lesen Sie unten im Abschnitt „Warum Frauen ‚es' mit sich machen lassen".)
- ❑ *Das bedauernde Nein* fällt schon leichter, weil es beziehungsfreundlicher ist: „Du, ich würde ja schon gerne, aber ich bin selbst gerade bis oben hin zu … Aber ein andermal gerne!"
- ❑ *Das Nein mit retournierter Ausrede* ist eine clevere Alternative, die uns Bettina Breit, Ressortleiterin „Organisation" in einem Werkzeug-Unternehmen, erklärt: „Dass der liebe Kollege die Arbeit nicht selber machen kann, ist meist nur eine zwar plausibel klingende, aber dennoch eine Ausrede. Also rede ich ihm die Ausrede nicht aus – das führt zu nichts. Ich erfinde selber eine. Zum Beispiel, dass ich gerade eben an einem super dringenden Bericht für die Geschäftsleitung arbeite. Das funktioniert immer. Wer will schon gegen die Geschäftsleitung angehen?"
- ❑ *Das Nein mit Einblenden* ist eine Variante, die psychologisch beschlagene Kolleginnen sehr gerne einsetzen. Karin Eisenbarth ist Personalentwicklerin bei einem Chemie-Riesen und meint: „Wenn ein Mann, der beruflich die Integralrechnung beherrscht, vorgibt, eine simple Tabelle nicht ausfüllen zu können, dann rieche ich den Braten und gebe ihm das auch zu verstehen." So unverblümt teilt sie ihm das auch mit. Neulich sagte sie zu einem Ingenieur: „Wenn Sie wissen, was ein Cosinus ist, dann können Sie auch diesen Seminarbericht ausfüllen – das ist sehr viel weniger kompliziert."

Ausblenden … einblenden

Die Psychologen sagen: Wenn ein Mann eine Fähigkeit leugnet, über die er zweifellos verfügt, um Ihnen eine Arbeit aufzubürden,

dann blenden Sie diese Fähigkeit einfach wieder ein. Höflich, aber direkt. Dieses Einblenden wirkt bei allen Versuchen, in denen Männer Unwissenheit, Hilflosigkeit, Langsamkeit oder hohe Fehlerquote vorschützen, damit Sie ihnen die Arbeit abnehmen. Tun Sie's nicht. Blenden Sie ein.

Warum Frauen „es" mit sich machen lassen

Ungefähr 90 Prozent aller Frauen sehen auf den ersten Blick, wenn ein Mann versucht, Arbeit bei ihnen abzuladen. Denn so dumm ist niemand, dass er vor einem Küchenschrank mit Aufschrift „Tassen" nicht das Fach für die Tassen finden könnte. Vor allem wenn er schon seit fünf Jahren im Betrieb ist. Warum sagen dann noch nicht einmal die Hälfte dieser 90 Prozent dem Schlaumeier, wo die Tassen stehen, sondern machen die Arbeit lieber selber?

Haben Sie alle Tassen im Schrank?

Warum räumt eine Frau die Tasse eines Mannes auf? Warum lässt sie das mit sich machen? Warum lassen Frauen sich im Beruf zum Dienstmädchen degradieren? Weil sie von den bösen Männern dazu gezwungen werden? Keineswegs. Es ist viel, viel schlimmer: Sie tun es freiwillig! Das muss frau sich mal vorstellen! Niemand zwingt die Kollegin, die Tasse des Kollegen aufzuräumen. Sie tut es aus freien Stücken. Warum? Dafür gibt es mindestens zwei Gründe:

 Frauen sagen nicht Nein, weil sie besser sehen als Männer – sie haben den Blick für das Ganze – und wenn sie Ablehnung fürchten.

Beide Gründe sind triftig. Gleichzeitig sind sie die reine Selbstsabotage. Denn Ihr Chef sieht nicht, dass Sie Angst vor Ablehnung haben oder das Ganze sehen. Ihr Chef sieht, dass sie „völlig inkompetent ist, wenn es um das Delegieren geht. Die würde sogar noch ihr Büro selber putzen, wenn das die Putzfrau von ihr

verlangen würde!". Das ist Originalton Geschäftsführer eines mittelständischen Unternehmens.

 Die Frau, die sich alles aufbürden lässt, bringt es nicht weit.

Denn erstens hat sie keine Zeit, vorwärtszukommen, wenn sie für die Kollegen Kaffee kocht. Zweitens zeigt sie damit jedem, der es sehen will, dass sie nicht über eine der wichtigsten Führungsqualitäten verfügt: Delegationskompetenz. Und drittens zeigt sie damit, „dass sie sich um weiß Gott was alles kümmert anstatt um die wichtigen Dinge". Ebenfalls Originalton Geschäftsführung. Deshalb ist es vordringlich, dass wir uns mit den beiden Selbstsabotage-Gründen beschäftigen. Denn:

 Mann macht es nur mit Frauen, die es mit sich machen lassen.

Wer ist Ihnen wichtiger: das Ganze oder Sie?

Warum räumen Frauen die Sauerei von Männern auf, übernehmen die Arbeiten, welche diese vernachlässigen, putzen die Kaffee-Ecke, schreiben die Protokolle, versorgen die Blumen und kümmern sich um das, was Männer einfach achtlos liegen lassen? Weil Männer nur bis zur eigenen Nasenspitze sehen. Frauen sehen im Allgemeinen weiter.

Männer versinken schneller im Chaos

Männer ignorieren gewisse Aufgaben, bis diese ihnen um die Ohren fliegen. Viele Männer lassen zum Beispiel die Ablage so lange liegen, bis sie im Chaos versinken. Frauen räumen die Sauerei auf, bevor das passiert. Warum?

- ❏ „Weil ich mich bei der Arbeit auch wohlfühlen möchte."
- ❏ „Weil man in so einer Sauerei doch nicht arbeiten kann."
- ❏ „Weil sich das einfach nicht gehört."
- ❏ „So kann doch kein Mensch arbeiten!"

Das ist löblich. Frauen sehen und kümmern sich um das Ganze. Leider führt dies in gewissen Lebenssituationen zu einem Konflikt:

 Wer sich um das Ganze kümmert, kann sich nicht immer um sich selbst kümmern.

Brutal formuliert: Mit jeder Arbeit, die Sie „für das Ganze" tun, schlagen Sie einen Sargnagel in Ihr Vorwärtskommen. „Dann möchte ich lieber nicht vorwärtskommen" ist manchmal die spontane Antwort von einigen meiner Seminarteilnehmerinnen. „Schließlich möchte ich mich bei der Arbeit auch wohlfühlen." Das ist verständlich. Leider ist es ein Fehlschluss:

 Es geht nicht um ein Entweder-oder. Es geht um ein Sowohl-als-auch.

Normalerweise denken Männer in Mustern von Entweder-oder. Frauen bevorzugen das Sowohl-als-auch. Besinnen Sie sich auf diese weibliche Stärke und machen Sie sich bewusst: Es geht nicht darum, das Ganze total zu vernachlässigen, damit Sie vorwärtskommen. Es geht darum, sich um das Ganze zu kümmern *und gleichzeitig* noch genug Energie zu haben, um sich um sich selbst zu kümmern. Ein Beispiel. Elvira sorgt noch immer dafür, dass ihre Team-Meetings gut mit Getränken, Stiften, Papier ... versorgt sind, damit das Ganze nicht unnötig aufgehalten wird. Doch wenn ein Kollege ihr seinen Meetingbericht aufs Auge drücken will, sagt sie höflich Nein. Warum? Weil sie für sich die Grenze eben an dieser Stelle zieht. Andere ziehen sie anders. Wo ziehen Sie sie?

Spielen Sie gerne das Heimchen vom Büro?

Übrigens, viele Frauen sind sogar noch stolz darauf, von Männern ausgenutzt zu werden: „Der Hans, wenn man dem nicht alles nachträgt, vergisst er noch seinen Kopf!" „Lass den Müller einfach machen. Der ist unbelehrbar. Bevor er den Bericht einreicht, gehe ich sowieso noch einmal drüber." Wer gerne das Heimchen vom Büro spielt, dem soll das gegönnt sein. Doch wenn Sie es weiterbringen möchten, sollten Sie sich bei diesem falschen Stolz ertappen und lernen, auf die Dinge stolz zu sein, die Sie wirklich wollen. Zum Beispiel mit der folgenden Checkliste.

Checkliste: Die eigenen Interessen im Auge behalten

❏ Seien Sie nicht auch noch stolz darauf, den Kollegen hinterherzuarbeiten. Seien Sie lieber stolz auf das, was Sie wirklich wollen.

❏ Definieren Sie für sich das Mindestmaß an Sorge für das Ganze, bei dem Sie sich noch wohlfühlen und gleichzeitig für Ihr Vorwärtskommen sorgen können.

❏ Definieren Sie dieses Mindestmaß in jeder Situation, in der das nötig ist. Fragen Sie sich: „Möchte ich jetzt tatsächlich ... (das Protokoll übernehmen, das Besprechungszimmer aufräumen ...)? Oder möchte ich lieber etwas für mich tun?"

❏ Diese Abwägung wird, da sie ungewohnt ist, einige Sekunden in Anspruch nehmen und Sie geistig etwas anstrengen. Doch schon nach wenigen Versuchen geht das in Sekundenbruchteilen und ganz leicht.

❑ Hüten Sie sich davor, einfach *ganz automatisch* den Kollegen hinterherzuarbeiten. Das ist bei vielen Frauen ein unbewusster Reflex. Schalten Sie diesen Reflex durch die eben skizzierte bewusste Abwägung ab.

❑ Fragen Sie sich auch: Ist das eine Tätigkeit, die wirklich nur ich tun kann? Wer kann das noch tun? Was kann ich dafür tun, damit er es tut? Was hindert mich daran, dafür zu sorgen? Wie beseitige ich diese Hindernisse? (Eines dieser Hindernisse beseitigen wir im folgenden Abschnitt.)

Die Angst vor Ablehnung

Jede Frau ärgert sich, wenn sie einem Kollegen „hinterherarbeiten" muss. Seltsamerweise ärgern sich die meisten nur still oder nur gegenüber anderen Kollegen. Sie unternehmen dagegen nichts, weil:

❑ „Ich möchte nicht unkollegial erscheinen."
❑ „Wer will schon ein Zicke sein?"
❑ „Man gilt hier schnell als schwierig, wenn man das tut."
❑ „Ich will mir nicht den Vorwurf einhandeln, kein Teamspieler oder gar faul zu sein."

Diese Angst vor Ablehnung ist so verständlich wie unbegründet. Tatsächlich ist das Gegenteil der Fall:

 Tipp Wer Nein sagt, verliert nicht, sondern gewinnt Anerkennung.

Oder würden Sie eine Kollegin schätzen, die es mit sich machen lässt, wann immer Sie es mit ihr machen wollen? Bei Männern ist das noch viel extremer: Jasager, Weicheier, Schattenparker und Warmduscher sind bei ihnen unten durch. Natürlich, man benutzt

Ein nützlicher Idiot ist und bleibt ein Idiot

ihn gerne, den nützlichen Idioten – doch er ist und bleibt eben nur das: ein nützlicher Idiot. Möchten Sie als nützliche Idiotin anerkannt werden? Oder als eine Frau, die weiß, was sie will, mit der man rechnen muss und die auch mal Nein sagen kann?

Als was möchten Sie anerkannt werden? Als nützliche Idiotin oder als ebenbürtige Kollegin?

Sie vermuten richtig: Als was Sie anerkannt werden wollen, hängt von Ihrem Selbstbild ab. Welches haben Sie von sich? Und ist es für Ihr Vorwärtskommen eher nützlich oder hinderlich? Wie ändert frau das Selbstbild? Ganz einfach. Stellen Sie sich die Frage: Wie möchte ich mich sehen? Sehen Sie sich so. Und wenn die Realität noch nicht diesem Bild entspricht, dann ändern Sie die Realität so lange, bis sie diesem Bild entspricht. Niemand anders als Sie kann das. Schließlich ist es *Ihre* Realität.

Checkliste: Lernen Sie, Nein zu sagen

- ❏ Aufgaben, die Männer nicht machen möchten, delegieren sie gerne an Frauen: Welche dieser Aufgaben übernehmen Sie derzeit? Erstellen Sie davon eine Liste. Eine schriftlich fixierte Liste ist dabei wirksamer und motivierender als eine Liste „im Kopf".

- ❏ Welche Tricks fallen Ihnen auf Anhieb ein, mit denen die Kollegen versuchen, Ihnen unliebsame Arbeiten aufzudrücken? (Wenn es weniger als vier sind, sind Sie mit hoher Wahrscheinlichkeit ein unbewusstes Opfer dieser Tricks.)

- ❏ Gewöhnen Sie sich an, diese Tricks zu durchschauen.

- ❏ Machen Sie sich die Kosten des Jasagens klar.

- ❏ Fassen Sie den festen Vorsatz, es nicht länger mit sich machen zu lassen.

❑ Trainieren Sie, nicht spontan und automatisch Ja zu allem zu sagen, worum man Sie bittet.

❑ Was hält Sie davon ab, Nein zu sagen, wenn Sie Nein sagen möchten? Perfektionismus, Angst vor Ablehnung, der Blick für das Ganze ... ?

❑ Arbeiten Sie so lange an diesen Hinderungsgründen, bis diese Sie nicht länger beherrschen, sondern bis Sie sie beherrschen.

❑ Entwerfen Sie für sich passende Formulierungen, mit denen Sie Nein sagen können.

❑ Entwerfen Sie Formulierungen mit zunehmender Schärfe.

6   Können Frauen delegieren?

„Dann mach ich es doch lieber selber!"

Im vorigen Kapitel haben wir gesehen, wie wichtig es ist, hin und wieder Nein zu einer Aufgabe sagen zu können. Doch es genügt nicht, Nein zu sagen. Frau muss auch sagen, wer die abgelehnte Aufgabe nun tatsächlich übernehmen soll. Genau das ist für viele Frauen ein Riesenproblem.

 Viele Frauen haben große Probleme mit der Delegation.

Das heißt zunächst nicht, dass Frauen nicht delegieren *können*. Es heißt zunächst nur, dass viele nicht delegieren *möchten*, weil: „Wenn ich das selber mache, dann weiß ich wenigstens, dass es gut gemacht wird." Und wenn sie dann vor lauter Arbeitsüberlastung doch schweren Herzens delegieren, dann gleich mit Qualitätsabstrichen: „Okay, ich lass das den Hans machen – das wird dann halt nicht so gut, als wenn ich es selber machen würde." Das ist völlig unnötig und peinlich obendrein. Denn es zeigt, dass sie ihr Handwerkszeug nicht beherrschen:

 Wer delegieren kann, muss keine Qualitätseinbußen tolerieren.

Wie das geht? Ganz einfach: Delegieren Sie die Aufgabenausführung:

❑ Mit genau definierten Qualitätszielen. Meist liegt nämlich die Minderleistung nur daran, dass dem anderen gar nicht klar ist, was genau Sie von ihm erwarten.
❑ Definieren Sie darüber hinaus für sich selbst eine Qualitätsmarge, innerhalb derer Sie Qualitätsschwankungen tolerieren.

Qualitätsabstriche bei der Delegation liegen in den allermeisten Fällen nicht an der Unwilligkeit oder Unfähigkeit des Delegationsnehmers, sondern an der unklaren Zielkommunikation der Delegationsgeberin.

Was will sie genau von mir?

Viele Männer klagen: „Ich weiß im Grunde überhaupt nicht, was sie genau von mir will!" Diesem Problem können Sie abhelfen. Sagen Sie exakt, *was* Sie haben wollen, *wie viel* davon und an *welchen Zielgrößen* Sie das Ergebnis messen werden.

Die Mäuschen-Delegation

Die meisten Frauen sind nicht besonders erfolgreich bei der Delegation. Sie wissen zwar, dass sie sich gegen das Abladen von unliebsamen Arbeiten wehren sollten. Doch sie haben nicht gelernt, wie. Deshalb verwenden sie zur Delegation untaugliche Formulierungen (s. Tabelle).

Untaugliche Delegations-Stilmittel:	Standardreaktion von Männern darauf:
Höfliche Frage: „Tom, könntest du neue Stifte holen?"	Ausrede: „Du, ich muss noch schnell meinen Beitrag endkorrigieren."

Ironische Frage: „Würde dir ein Zacken aus der Krone fallen, wenn zur Abwechslung du den Kaffee holen würdest?"	Ironische Retourkutsche: „Nein, und dir?"
Weichgespülte Bitte: „Könntest du unter Umständen mal, wenn es dir gerade reinpasst, den neuen Report drucken?"	„Jaja, klar." (Nichts passiert.)

Allen diesen Delegationsversuchen ist gemein, dass sie windelweich und handzahm sind. Gerade so, als ob eine kleine Maus piepsend einem Elefanten etwas delegieren wollte. Warum benutzen Frauen diese Delegations-Selbstsabotage? Weil

1. sie sich nicht trauen, klipp und klar zu sagen, was sie möchten;
2. sie sich besonders beziehungsfreundlich ausdrücken möchten.

Beides sind triftige Gründe, zu denen es zwei Dinge zu sagen gibt:

1. Wenn Sie sich nicht selbst das Recht zugestehen, das zu sagen, was Sie möchten, dann werden Sie es in diesem Leben (geschweige denn im Beruf) nicht weit bringen. Das vorzubringen, was man vorbringen möchte, ist ein im Grundgesetz verankertes Menschenrecht. Sie sollten es auch sich selbst zugestehen.
2. Männer sind keine Frauen. Frauen reagieren (manchmal) positiv auf die Mäuschen-Delegation. Männer reagieren nicht oder sind sauer: Sie sind es gewohnt, dass man ihnen sagt, was zu machen ist. Tun Sie ihnen doch den Gefallen! *Das* wäre nämlich beziehungsfreundlich.

 Das oberste Prinzip der Delegation: Eine Delegation muss freundlich, aber bestimmt sein.

Eine Delegation muss so klar und deutlich ausgesprochen werden, dass es nicht den geringsten Ansatzpunkt für Missverständnisse gibt. Weil das für viele Frauen so ungewohnt ist, sollten Sie das nach Bedarf trainieren. Von mir aus vor dem Spiegel. Suchen Sie sich zu Ihnen passende Formulierungen und die dazu passende Körpersprache und sagen Sie zum Beispiel:

„Frank, bitte hol du heute die Sitzungsgetränke." (Frank schaut Sie **Tu mal!** zwar erstaunt an, weil er das nicht von Ihnen gewohnt ist, aber dann trabt er los.)

Die Opfer-Delegation

Eine besonders peinliche Form der Bürokommunikation, die viele Frauen immer wieder verwenden, ist die Opfer-Delegation:

„Torsten, ich muss mich gerade um den Beamer kümmern und soll doch noch die Charts ausdrucken. Ich weiß nicht, wie ich das alles noch vor der Präsentation schaffen soll. Könntest du nicht vielleicht ... ?"

Was ist das für eine Sprache? „Muss", „soll", „weiß nicht, wie ich das schaffen soll" – so reden Opfer. Diese Mitleidsmasche hat zwar eine gute Erfolgsquote. Sie zieht recht oft. Doch wie stehen Sie danach da?

 Wer auf Mitleid macht, kriegt Mitleid, keine Anerkennung.

Mitleid tut zwar gut, doch *Opfer* werden bemitleidet. Und Opfer werden nicht bevorzugt befördert oder zu den guten Projekten und Kunden eingeteilt. Der Geschmack des Opfers bleibt an ihnen hängen wie der Geruch von drei Tage altem Fisch: Jeder Vorgesetzte und Kollege merkt das sofort und geht auf Distanz. Denn mit Verlierern gibt man sich nicht gerne ab. Frauen übrigens auch nicht.

Das Leben belohnt Opfer nicht

Am schlimmsten sind die Implikationen der Opfer-Delegation für Ihr Selbstbild: Wenn Sie auf Opfer machen müssen, um etwas zu erreichen, welches Bild haben Sie dann von sich selber? Und mit diesem Bild wollen Sie sich Ihre Wünsche erfüllen, die Sie in Bezug auf Leben und Beruf hegen? Das funktioniert nicht. Das Leben belohnt keine Opfer. Es belohnt Frauen, die ihr Schicksal in beide Hände nehmen.

 Tipp Schminken Sie sich die Opferhaltung ab!

Konzentrieren Sie sich auf die Teile Ihrer Persönlichkeit, die mutig, stark, warmherzig und tatkräftig sind – die anderen Teile gehen Ihnen deshalb nicht verloren. Mit diesen starken Teilen fällt es Ihnen leicht, richtig zu delegieren. Für unser Beispiel heißt das: Raus mit allen „muss", „soll" und „schaffe ich nicht". Wenn Sie etwas möchten, dann nicht, weil Sie es *müssen*, sondern weil Sie es *wollen*. Sie tun es nicht, weil Sie unter Druck stehen, sondern weil es Ihre freie Entscheidung ist:

„Torsten, ich möchte mich noch um den Beamer kümmern. Bitte druck du die Charts aus."

Natürlich, eine so selbstbewusste Haltung kommt nicht über Nacht und nicht bei der ersten mutigen Delegation. Aber sie kommt nach und nach. Ist das nicht schön? Sie verbessern Ihre Delegation und damit gleichzeitig Ihr Selbstbewusstsein! Beides ist unabdingbar für Ihr Vorwärtskommen.

Der Frau als Chefin wird kalt rückdelegiert

Weibliche Führungskräfte haben es schwerer als ihre männlichen Kollegen. Denn viele männliche Mitarbeiter haben (leider immer noch) Probleme mit einer Frau als Chef. Sie sabotieren ihre Chefin

zwar nicht bewusst, doch auch die unbewusste Sabotage ist eine Sabotage. Sie drückt sich zum Beispiel in der Rückdelegation aus:

 Der Chefin wird häufiger rückdelegiert als dem Chef.

„Diese dumme Kuh", denkt sich Karl Dreher. „Jetzt muss ich auch noch diese Aufgabe bearbeiten. Wo ich doch sowieso schon hintendran bin." Also

❑ lässt er die ungeliebte Aufgabe erst einmal liegen,
❑ stellt sich hilflos,
❑ fragt so lange entnervend naiv zurück,

bis die Chefin sagt: „Also geben Sie schon her, mache ich es eben selber." Oder: „Ist ja schon gut, machen Sie es eben erst bis übermorgen!"

 Frauen sind anfälliger für kalte Rückdelegationen, wenn der Mutterinstinkt unreflektiert durchbricht.

Viele Chefinnen denken: „Er ist überfordert, ich muss ihm helfen!" Reingefallen. Männer appellieren äußerst geschickt an diesen Instinkt. Erfolgreiche Frauen fallen darauf nicht herein. Heidrun, Projektleiterin bei einem Elektro-Konzern, meint trocken: „Männer können keinen Geschirrspüler ausräumen – sie können ihn nur konstruieren, bauen und warten."

 Durchschauen Sie Rückdelegationsversuche mit klarem Blick.

Kalte Rückdelegation kontern

Viele weibliche Vorgesetzte durchschauen zwar eine Rückdelegation, doch sie haben nie gelernt, wie sie damit umgehen können. Das ist ein Versäumnis, das Sie so schnell wie möglich korrigieren sollten.

Wie wollen Sie Ihre Träume verwirklichen, wenn Sie nicht lernen, wie Sie mit Rückdelegationen umgehen?

Viele Chefinnen reagieren spontan auf Rückdelegationen: „Sie wissen nicht, wie Sie das schaffen sollen? Na, da machen Sie doch erst dies und dann jenes. Ist doch ganz einfach!"

Wissen Sie, was der rückdelegierende Mitarbeiter daraufhin tut? Sie sollten es wissen, wenn Sie Mitarbeiter führen (wollen):

1. Erst wird er Ihnen einreden wollen, dass Ihr Vorschlag nicht funktionieren kann.
2. Dann wird er Ihnen beweisen, dass Ihr Vorschlag nicht funktioniert.

Denn er möchte die ungeliebte Arbeit ja loswerden. Und das kann er nicht, wenn Ihr Vorschlag funktioniert. Also führt er ihn so ungeschickt aus, dass er fehlschlägt. Dann kommt er zu Ihnen und sagt: „Sehen Sie, habe ich ja gesagt, dass das nicht funktioniert."

Wenn ein Mitarbeiter rückdelegiert, blendet er eine Fähigkeit aus

Wie verhalten Sie sich richtig? Indem Sie ein Instrument anwenden, das wir bereits gestreift haben: das Einblenden. Wenn ein erwachsener Mann auf hilflos und naiv macht und so tut, als könne er eine Aufgabe nicht bewältigen, die er gut und gerne bewältigen kann, dann blendet er eine seiner Fähigkeiten aus.

Blenden Sie diese wieder ein

Sie können diese Fähigkeit auf vielerlei Weise wieder einblenden. Zum Beispiel indem Sie ihn darauf hinweisen, welche vergleichbaren Probleme er in der Vergangenheit löste. Oder indem Sie ihn ganz einfach nach seinen Lösungsvorschlägen fragen. Damit packen Sie ihn an seiner männlichen Ehre. Er ist ein Besserwisser, also muss er es besser wissen. Das ist ein Reflex, dem er sich selten entziehen kann. Macht er einen Vorschlag, haben Sie ihn da, wo er

hingehört: Er wird die Aufgabe übernehmen, weil kein vernünftiger Mann seinen eigenen Vorschlag sabotiert.

Die 4W-Delegation

Die grundlegend verschiedenen Sprachmuster von Männern und Frauen führen zu den verrücktesten Phänomenen. Wir mokieren uns zum Beispiel darüber, dass Männer, wenn sie sich verfahren, niemals nach dem Weg fragen würden. Frauen tun das ganz selbstverständlich. Im Geschäftsalltag führen diese grundlegend verschiedenen Sprachmuster zu sehr teuren und ärgerlichen Missverständnissen. Eine Kommunikationstrainerin demonstriert das in ihren Seminaren auf frappierende Weise. Sie wirft per Folie folgenden Satz an die Wand:
„Wenn es bei Ihnen gerade reinpasst, könnten Sie dann gelegentlich die Tonerkartusche wechseln?"
Dann lässt sie Männer und Frauen im Seminar diesen Satz getrennt voneinander interpretieren. Frauen lesen aus diesem Satz: „Die Tonerkartusche muss gewechselt werden." Wirkung des Satzes: Die Tonerkartusche wird *umgehend* gewechselt. Männer hingegen lesen aus dem Satz: „Bei Gelegenheit könnte auch die Tonerkartusche gewechselt werden." Resultat: Die Tonerkartusche wird *irgendwann* gewechselt.

 Frauen pflegen einen impliziten Sprachstil, Männer einen expliziten.

Das heißt, Frauen pflegen eher „durch die Blume" zu sprechen, Männer direkt von der Leber weg. Das Dumme daran: Keiner von beiden weiß, welchen Stil er/sie pflegt. Jeder geht davon aus, dass es der einzige Stil ist und dass der andere ihn nicht nur spricht, sondern auch versteht. Deshalb sind Frauen regelmäßig empört, wenn ihre „Anweisungen" nicht befolgt werden:

Was Frauen als Muss-Anweisung aussprechen, klingt für Männer wie eine Kann-Anweisung.

Es klingt reichlich trivial, doch die Alltagserfahrung zeigt, dass wir gerade den folgenden Rat ständig vergessen: Bevor Sie mit jemandem reden, schauen Sie nach, ob es ein Mann oder eine Frau ist:

❑ Gegenüber Frauen wirkt die implizite Kommunikation zielführend. Gegenüber Männern nicht.
❑ Gegenüber Männern wirkt nur die explizite Kommunikation zielführend. Gegenüber Frauen wirkt sie oft grob und beziehungsstörend.

Genau diese Unterscheidung treffen viele Frauen nicht. Sie sagen: „Aber so unverblümt kann ich das doch nicht sagen!" Sie glauben, weil sie es einer Frau nicht so unverblümt sagen würden, können sie es auch einem Mann nicht klipp und klar sagen. Das ist ein tragisches Missverständnis. Männer sind nicht ärgerlich, wenn Sie höflich, aber bestimmt Klartext reden. Sie, Ihr Chef, Ihre Kunden und Ihre Mitarbeiter honorieren das sogar.

**Feldwebel?
Nein Danke!**

Wie schlimm es gerade bei der Delegation um die zwischengeschlechtliche Kommunikationskompetenz von Frauen in Führungspositionen bestellt ist, zeigen besorgte Fragen von Frauen in meinen Kommunikationsseminaren: „Ich sehe ja ein, dass man mit Männern klar reden muss – aber wie macht man das, ohne wie ein Feldwebel zu klingen?" Ganz einfach, indem Sie, wann immer Sie delegieren, vier Ws delegieren:

1. Was ist zu erledigen?
2. Bis wann?
3. Mit welchem Ziel?
4. Wozu? (Damit der Sinn klar wird)

Und weil das vielen Frauen so schwerfällt, hier ein Beispiel dazu: „Frank, bitte übernehmen Sie (Was?) den Monatsbericht für Peter. Ich brauche ihn (Bis wann?) Dienstag nächster Woche. Er soll (Welches Ziel?) neben den kompletten Gebietszahlen auch einen kurzen Überblick über die Werbemaßnahmen enthalten. Dies deshalb (Wozu?), weil der Marketing-Direktor bei der nächsten Reporting-Sitzung dabei sein wird."

Das klingt einfach und einleuchtend? Ist es auch. Trotzdem fällt es vielen Frauen unendlich schwer. Warum? Weil Frauen eine eigene Sprache sprechen. Eine Geheimsprache sozusagen.

Die Geheimsprache der Frau

Wenn Sie einmal darauf achten, wie viele indirekte Botschaften Frauen senden, werden Sie erstaunt sein. Gerade hier wird deutlich, wie sehr Frauen sich selbst im Wege stehen.

Betrachten wir zum Beispiel ein x-beliebiges Meeting. Neue Aufgaben werden verteilt, so auch eine Werbekonzeption. Elvira sagt: „Hmpfh, ich habe eigentlich soo viel zu tun!" Frank nickt mitfühlend und meint dann: „Na, irgendwie schaffst du das schon. Du schaffst das ja immer." Hinterher meint Elvira entrüstet zu einer Kollegin: „Dieser Flegel! Total unkollegial! Wie der mir gerade die Konzeption reingedrückt hat! Einfach unverschämt!" Warum regt sie sich auf? Weil sie zwar sagte: „Ich habe viel zu tun", damit aber meinte: „Ich habe zu viel zu tun – ich möchte die Konzeption nicht übernehmen!" Warum hat sie es dann nicht so gesagt?

In meinen Seminaren erzähle ich manchmal von dem Ehepaar, das von München nach Flensburg fuhr. Nach vier Stunden im Auto fragt die Frau: „Hast du Hunger?" Der Mann sagt: „Nein" und fährt unbeirrt weiter. Die Frau ist augenblicklich stocksauer. Warum? Jede Frau im Seminarsaal weiß die Antwort: „Na, sie wollte dezent darauf aufmerksam machen, dass *sie* Hunger hat!" Darauf fällt den Männern im Seminar meist die Kinnlade nach

**Hast du Hunger?
Nein.**

Ich habe Hunger

unten: Jetzt erst verstehen sie die Frage der Frau! Nur um die Frau sofort nicht mehr zu verstehen: „Aber um Himmels willen, warum sagt sie denn nicht, dass sie Hunger hat?" Weil sie eine Frau ist und eine eigene Sprache spricht, deren Wörterbuch der holde Gatte nicht vor dem Traualtar ausgehändigt bekam.

Noch ein Beispiel. Ein Ehepaar fährt am Genfer See vorbei. Sie sagt: „Weißt du noch? Als wir letztes Jahr hier waren, haben wir diese hübsche kleine Kapelle entdeckt." Der Mann sagt: „Ja" und fährt weiter. Die Frau ist wütend. Warum hat er nicht angehalten? Weil sie es nicht gesagt hat und weil er es nicht verstanden hat. Sie hat es zwar so gemeint. Doch gemeint ist nicht gesagt.

 Gemeint ist nicht gesagt. Gesagt ist nicht verstanden. Verstanden ist nicht einverstanden. Einverstanden ist nicht getan. Getan ist nicht gut getan.

Er muss mich doch verstehen!

Warum sprechen Frauen eine eigene Sprache? Dafür gibt es einen Grund: Frauen merken häufig nicht, dass sie eine eigene Sprache sprechen. Sie können partout nicht verstehen, warum Männer sie nicht verstehen: „Das muss er doch verstehen! Wenn ich ihm das so klar andeute!" Was ist das? Zweifellos eine Erwartung. Viele Frauen hegen diese Erwartung ein ganzes Leben lang: dass er mich endlich versteht! Und wenn nicht er, dann der nächste … Ein Leben in hoffnungsvoller Erwartung zu verbringen ist eine Möglichkeit. Beruflich und privat erfolgreiche Frauen wählen eine andere Option. Wenn sie sich wieder einmal dabei ertappen, dass sie von einem Mann erwarten, dass er sie versteht, stellen sie sich eine Frage: Tut er es? Versteht er mich tatsächlich?

Das heißt, sie können ihre Erwartungen und die beobachtbare Realität geistig auseinanderhalten. Eine nützliche Fähigkeit, die sich mit etwas gutem Willen nach wenigen Versuchen aneignen lässt. An diese erste Frage hängen erfolgreiche Frauen meist eine zweite: Wenn ich möchte, dass er mich versteht – was bin ich bereit, dafür zu tun?

Wer verstanden werden möchte, tut gut daran, sich verständlich zu machen – für Männer verständlich. Wenn es das erste Mal nicht geklappt hat, versuchen Sie es eben ein zweites Mal. Diesmal eben expliziter. So geht zum Beispiel Elvira nach der Sitzung zu Frank und sagt: „Ich glaube, wir haben uns vorhin missverstanden. Als ich sagte, dass ich viel zu tun habe, habe ich damit gemeint, dass ich die Konzeption nicht unterbringen kann." Versteht das ein Mann? Das können Sie an seiner Reaktion ablesen. Wenn es noch nicht ausreicht, werden Sie eben immer deutlicher – so lange, bis der Mann es kapiert. Genau damit haben die meisten Frauen jedoch große Probleme – weshalb sie es im Business nicht sehr weit bringen. Denn:

Machen Sie sich verständlich!

 Im Business wird Klartext geredet.

Nicht immer, aber immer dann, wenn man etwas voranbringen möchte. Viele Frauen trauen sich diese explizite Kommunikation nicht zu. Warum nicht? Wegen des Harmoniegedankens. Sie denken: „Je expliziter ich werde, desto größer wird das Risiko der Konfrontation! Jemand könnte meine Äußerung ablehnen!" Deshalb redet frau lieber implizit. Denn eine implizite Äußerung bietet weniger Angriffsfläche für Konfrontation. Viele Frauen sehen also einen Widerspruch zwischen Deutlichkeit und Harmonie. Das ist ein verbreiteter Irrtum. Und zwar aus zwei Gründen. Erstens:

 Männer sind in der Regel nicht sauer, wenn frau ihnen klar, aber vorwurfsfrei sagt, was sie denkt.

Sie sind sauer, wenn Frauen es nicht tun. Daher die ständigen Macho-Sprüche wie „Die weiß doch nicht, was sie will!". Zweitens kann man etwas sehr explizit sagen und dabei trotzdem höflich, beziehungsfreundlich und harmonisch bleiben. Dass Män-

ner genau dies *nicht* vermögen, bedeutet ja nicht, dass es unmöglich ist.

 Explizit und trotzdem harmonisch zu kommunizieren ist kein Widerspruch, sondern eine sinnvolle Ergänzung.

Natürlich wissen wir, dass Männer gerade diese kommunikative Kombination mehrheitlich nicht beherrschen: „Verdammt noch mal, Müller, nun bringen Sie doch endlich Ihren Laden auf Vordermann!" Eine Frau, die harmonisch, aber explizit kommunizieren kann, würde das zum Beispiel so ausdrücken: „Herr Müller, ich kann mir vorstellen, dass Sie gerade andere Dinge im Kopf haben. Aber bitte reden Sie doch noch einmal mit Ihren Mitarbeitern und sorgen Sie für die nötige Akzeptanz der Jahresziele." Das ist deutlich. Und Müller wird das nicht ablehnen, weil er sich davon sogar unterstützt fühlt.

 Trainieren Sie Ihre Ausdrucksfähigkeit: Suchen und finden Sie Formulierungen, die explizit und beziehungsfreundlich sind.

Warten Sie nicht auf Regen – gießen Sie!

Warum ausgerechnet Sie? Warum können Sie nicht einfach erwarten, dass Männer endlich die Sprache von Frauen verstehen (lernen)? Das ist eine berechtigte, wenn auch etwas philosophische Frage, zu der eine philosophische Antwort erlaubt sei: Ich kann auf Regen warten oder selbst den Garten gießen. Wofür Sie sich auch immer entscheiden: Wählen Sie eine Entscheidung, mit der Sie wirklich zufrieden sein können. Denn nur das zählt.

Die Angst vor Ablehnung

Bei etlichen Frauen ist die Angst vor Ablehnung größer als das Ausdrucksvermögen. Sie wissen zwar, dass man explizit und

höflich reden kann, trauen sich aber nicht, weil sie einfach Angst haben, dass sie abgelehnt werden. Die hungrige Ehefrau im Auto hat Angst, dass der Gatte ihren Wunsch nach einer Mahlzeit brüsk ablehnt. Die Beifahrerin, die am Genfer See gerne die kleine Kapelle wiedersehen möchte, hat Angst, dass ihr Mann das lächerlich findet. Elvira hat Angst, dass sie, wenn sie die Werbekonzeption ablehnt, als Querulantin abgestempelt wird. Warum? Hinter der Angst vor Ablehnung steht der Glaube, dass die Wünsche anderer wichtiger sind als die eigenen.

Die hungrige Ehefrau glaubt also, dass in ihrer Ehe die Wünsche des Mannes wichtiger sind als ihre eigenen. Elvira glaubt, dass das, was das Team will, immer gut ist, und das, was sie will, automatisch immer schlecht ist. Das ist natürlich Unsinn, wenn man sich das mal in aller Deutlichkeit vergegenwärtigt. Aber genau das ist die Crux: Das tun wir meist nicht. Diese Glaubenssätze sind seit unserer frühesten Kindheit so in unseren Köpfen zementiert, dass wir gar nicht mehr darüber nachdenken. Das ist der Fehler.

Glaubenssätze aus der Kindheit

Wie wird man diese hinderlichen Einstellungen los? Indem die Frau diese reflektiert, ihr Verhalten beobachtet und korrigiert. Indem sie sich bewusst macht, dass in einer gleichberechtigten Beziehung auch alle Wünsche und Aussagen a priori gleichberechtigt sind. Indem sie sich ebenfalls bewusst macht: Wenn ich mir wünsche, wie eine gleichberechtigte Partnerin behandelt zu werden, muss ich mich auch wie eine gleichberechtigte Partnerin verhalten.

 Tipp Fragen Sie sich immer wieder: Welches sind seine Wünsche? Welches sind meine? Und sind beide Wünsche nicht immer gleich wichtig? Ist das nicht Sinn und Zweck unter Partnern und Kollegen?

Manchmal führt die disziplinierte Eigenreflexion der persönlichen Wünsche nicht zum Erfolg. Vor allem dann, wenn Frauen schon zu tief in dieser Unterordnung feststecken. Dann holt man sich eben die Unterstützung eines Coach – die meisten guten Business-

Coachs sind übrigens Frauen. Und die meisten Frauen in Spitzen-
positionen gehen regelmäßig zum Coach. Gerade diese spezielle
hinderliche Einstellung kann nämlich sehr gut zum Beispiel mithilfe der Transaktionsanalyse verändert werden. In deren Sprachge-
brauch heißt diese Einstellung auch „Please me! – Mach's anderen
recht!" Das kann man sich abgewöhnen.

So delegieren Sie richtig

Torpedieren Sie nicht Ihre eigene Delegation!

Es gibt eine Menge Empfehlungen zur wirksamen Delegation. Wir
betrachten hier nur jene vier, bei denen Frauen in und kurz vor
Führungspositionen, aber auch im Alltag und in der Familie die
meisten Fehler begehen, dadurch ihre eigene Delegation torpedieren und sich hinterher auch noch verärgert fragen, warum denn
der andere nicht tut, was sie von ihm erwarten.

❑ Delegieren Sie mit Namen! Frappierend viele Delegationen
von Frauen beginnen mit den Worten „Man müsste mal … ".
Davon fühlt sich natürlich keiner angesprochen. Warum? Weil
keiner angesprochen *wurde*! Wenn Sie jemanden ansprechen
wollen, müssen Sie jemanden ansprechen. Nämlich nament-
lich. Anders geht das nicht. Also sagen Sie: „Frank, bitte … "

❑ Delegieren Sie im Indikativ! Das heißt ohne verwässernden
Konjunktiv: könnten, sollten, müssten … Sagen Sie statt-
dessen: „Bitte machen Sie … " „Ich erwarte von Ihnen, dass Sie
…" „Erledigen Sie das bitte!"

❑ Delegieren Sie weichspülerfrei! Eventuell, vielleicht, gelegentlich, ein bisschen, wenn es gerade passt … sind verschleiernde
Formulierungen, die in einer Delegation nichts zu suchen
haben. Bedenken Sie: Sie verletzen den anderen in seinen
Gefühlen, wenn Sie von ihm erwarten, dass er etwas tut, ihm
aber sagen, dass er es gelegentlich mal tun könnte. Diese
Diskrepanz zwischen dem, was Sie sagen, und dem, was Sie

meinen, nimmt er Ihnen stärker übel als jedes klare Wort. Und das möchten Sie sicher nicht.

❑ Zeigen Sie Nachdruck! Diese Empfehlung bedarf der Erläuterung.

Zeigen Sie Nachdruck!

Es ist fast peinlich zu erwähnen, doch viele Frauen distanzieren sich verbal von dem, was sie an andere delegieren. Eine Support-Leiterin eines EDV-Unternehmens sagt zum Beispiel zu einem Mitarbeiter: „Ich finde das auch etwas seltsam, aber die Anordnung kommt von ganz oben!" Die Teamleiterin eines Qualitätszirkels sagt in einer Sitzung: „Sie haben bestimmt keine große Lust dazu, aber wir sollten trotzdem ... "

Es ist klar, dass mit solchen verbalen Entwertungen die eigene Delegation entwertet wird. Jedem, der dabeisteht, tut die Frau leid, die sich auf diese Weise selbst sabotiert (und hinterher wundert, warum sie sich nicht durchsetzen kann). Warum tut sie das? Weil sie die Harmonie erhalten will. Sie will es dem Delegationsnehmer leichter machen.

Frauen sabotieren sich häufig selbst

Machen Sie sich eines klar: Damit machen Sie es ihm schwerer! Denn er denkt: „Sie will, dass ich es tue, entwertet es aber gleichzeitig – also was zum Kuckuck will sie denn nun von mir?" Menschen sind nicht sauer, wenn man ihnen sagt, dass sie in den sauren Apfel beißen müssen. Denken Sie an Churchill, der seinen Landsleuten nichts anzubieten hatte als „blood, sweat and tears" – und die Leute krempelten die Ärmel hoch! Menschen sind dagegen sehr sauer, wenn man Hü-Hott mit ihnen spielt und sich in einem einzigen Satz selbst widerspricht.

> **!** Menschen empfinden Klarheit als wohltuend. Unklarheit empfinden sie als harmonieschädigend.

Das Problem daran: Viele Frauen sind von dem, was sie delegieren, selbst nicht überzeugt. Und diese Zweifel spiegeln sich in der Delegation wider. Anders Männer. Die sind auch noch vom größten Unsinn, den sie reden und anweisen, felsenfest überzeugt. Sollten Sie das auch sein? Nein, denn wir haben uns ja darauf geeinigt, dass wir keine Männer werden wollen. Vom größten Unsinn überzeugt zu sein ist nicht unbedingt ein lohnendes Lebensziel. Und nötig ist es schon überhaupt nicht.

In dir muss brennen, was du in anderen entzünden willst.
Augustinus

Sie sollten nicht versuchen, von Unsinn überzeugt zu sein, damit Sie andere überzeugen können. Versuchen Sie lieber, den Unsinn so lange zu verändern, bis auch Sie davon überzeugt sein können. Das heißt: Freiheitsgrade nutzen. Was heißt das? Betrachten wir ein typisches Frauenführungsproblem.

Frauen in führenden Positionen (dazu gehört auch die Position der Partnerin und Mutter) müssen häufig unangenehme Standpunkte vertreten. Die Geschäftsleitung will zum Beispiel etwas von ihr, was ihrer Abteilung, ihrem Team, ihren Kollegen weh tun wird; zum Beispiel eine Reorganisation. Deshalb gehen viele Frauen auf Distanz dazu – mit der oben skizzierten Selbstsabotagewirkung. Tun Sie das nicht.

Verändern Sie die unbeliebte Reorganisation so, dass Sie selbst davon überzeugt sein können. Eine Technik dafür ist, einfach das Positive an der Sache zu suchen und zu finden. Von diesem Positiven können Sie dann überzeugt sein. Und glauben Sie mir: Etwas Positives hat selbst die negativste Sache. Die Reorganisation ist zwar unbeliebt, aber sie kann zum Beispiel bei erfolgreicher Beendigung einzelne Aufgaben für Ihre Mitarbeiter wesentlich erleichtern.

Sie dürfen Ambivalenz zeigen, solange diese nicht ins Weinerliche oder Wachsweiche abgleitet, sondern in Entschlossenheit mündet

Also verschweigen Sie den Mitarbeitern die negativen Konsequenzen und „verkaufen" die Reorganisation mithilfe dieser Arbeitserleichterung? Nein, das würde ein Mann tun. Erfolgreiche Frauen dagegen bleiben authentisch. Das heißt: Sie zeigen ihre Ambivalenz offen, bleiben aber gleichzeitig fest in der Sache. Sie sagen zum Beispiel: „Natürlich wird die Reorganisation uns sehr weh tun. Vielleicht müssen einige sogar gehen. Aber so leid es mir tut: Es

führt kein Weg daran vorbei. Also lasst es uns anpacken!" Das ist authentisch *und* überzeugend.

Die Klebe-Delegation

Es fällt auf, dass Frauen sehr viel mehr arbeiten als die meisten Männer in derselben Position. Weil eine Frau mehr leisten muss als ein Mann, um dieselbe Anerkennung, dasselbe Gehalt und dieselben Chancen zu bekommen wie ein Mann? Das ist ein beliebter Mythos. Eine viel einfachere Erklärung ist: Weil Frauen nicht besonders gut delegieren können. Man sieht das deutlich an der Klebe-Delegation.

 Annegret zum Beispiel ist Gebietsverkaufsleiterin. Nach jedem Verkaufsleiter-Meeting bringt sie die gemeldeten Zahlen in die entsprechenden Tabellen und Charts ein. Warum? Weil das ihre Aufgabe ist? Nein, weil diese Aufgabe ihr als Junior-Verkäuferin vor sieben Jahren vom damaligen Vertriebsleiter delegiert wurde und die Sache nun immer noch an ihr klebt. Sie wird sie einfach nicht los. Wenn sie es versucht, sagen die Kollegen: „Aber warum denn? Du machst das doch so gut. Du hast darin doch die größte Erfahrung. Warum sollte sich denn erst ein anderer mühsam einarbeiten?" Warum lässt sich Annegret damit abspeisen? Weil sie die Harmonie wahren will. Leider voll auf ihre eigenen Kosten.

Viele Frauen glauben, die Harmonie auf ihre Kosten wahren zu müssen. Sie kommen nicht auf die Idee, dass es auch andere Wege gibt.

Annegret versucht es tatsächlich beim nächsten Meeting auf eine andere Weise. Sie sagt: „Ich aktualisiere die Zahlen einerseits gerne. Andererseits bin ich der Meinung, dass gewisse Aufgaben kollegial und gleichmäßig auf alle Teilnehmer unseres Gremiums verteilt werden sollten. Das ist nur fair. Heute werde ich die Zahlen nicht aktualisieren. Ich schlage vor, dass es der Kollege Meier macht." Die Harmonie ist gewahrt. Und: Jetzt wird nicht mehr diskutiert, ob Annegret aktualisiert oder nicht. Sondern ob Meier aktualisiert. Da zur Abwechslung einmal alle Augen auf ihn gerichtet sind, tut er es. Annegret hat ihre Klebe-Delegation erfolgreich weiterdelegiert.

Klingt einleuchtend und einfach? Mag sein. Doch Sie würden sich wundern, wie ungeschickt sich viele Frauen bei der Weitergabe der Klebe-Delegation anstellen. Wenn man das einmal im Büroalltag erlebt, wundert es einen nicht mehr, warum es so wenige Frauen in Führungspositionen gibt. Der häufigste Fehler bei der Klebe-Rückgabe ist das Winseln. Entschuldigung, aber so muss ich das leider bezeichnen: „Ich habe doch soo viel zu tun, wie soll ich das denn auch noch schaffen, kann das denn nicht ein anderer übernehmen?"

Was soll ein Mann darauf antworten? Es bleibt ihm doch gar keine andere Wahl, als hart zu bleiben. Also:

❑ Jammern Sie nicht – Männer mögen keine jammernden Frauen (sie nennen das „hysterisch"), außerdem macht man jammernd keine Karriere.

❑ Zählen Sie nicht auf, wie viel Sie arbeiten müssen, denn dann versuchen die Kollegen, Sie dabei noch zu übertrumpfen und zu zeigen, dass sie viel mehr arbeiten.

❑ Winseln Sie nicht, denn das zerstört Ihr Selbstwertgefühl – und ohne dieses gibt es weder Erfolg noch Spaß an der Arbeit.

- ❏ Rechtfertigen Sie sich nicht, denn nur Verbrecher müssen sich rechtfertigen.
- ❏ Werden Sie nicht defensiv, damit erreichen Sie nichts.
- ❏ Sagen Sie stattdessen klipp und klar, dass Sie die Klebe-Aufgabe abgeben möchten, und schlagen Sie jemanden vor, der sie übernehmen kann.

Schließlich haben Sie die Aufgabe lange genug erfüllt. Jetzt ist ein anderer dran. Das ist nur fair! Erwarten Sie nicht, dass die Kollegen das ebenso fair finden. Davon müssen Sie sie erst überzeugen.

Vermeiden Sie Nacharbeiten

Während Susi und Lisa sich unterhalten, räumt Susis Mann Albert die Gartenlaube auf. Lisa meint hinter vorgehaltener Hand: „Also besonders ordentlich macht er das aber nicht." Worauf Susi erwidert: „Weiß ich, aber lass ihn mal werkeln. Ich bringe das nachher schon in Ordnung."

Wenn sich Ihnen dabei inzwischen nicht die Nackenhaare aufstellen, haben Sie ein Problem. Leider haben dieses Problem viele Frauen. Susi macht das nämlich mit ihren fünf Mitarbeitern im Projektteam genauso. Liefert einer unvollständig, fehlerhaft oder einfach nur Mist ab, dann bügelt sie es für ihn aus, arbeitet nach. Schuld daran ist eine Mischung aus Mutterinstinkt und Harmoniebedürfnis. Alles Eigenschaften, die in spezifischen Situationen sehr schön und nützlich sind. Das Problem ist nur, dass viele Frauen nicht erkennen, dass die Arbeit nicht zu diesen Situationen zählt. Grob gesagt: Einen Mitarbeiter sollten Sie nicht wie einen Fünfjährigen behandeln. Sonst verhält er sich nämlich auch so.

Arbeiten Sie niemandem nach!

Was? Sie sollen dem armen Kollegen, Chef, Mitarbeiter unbarmherzig sagen, dass er Mist geliefert hat? Wer hat das gesagt? Wie kommen Sie denn nur auf solche Ideen? Muss denn immer alles schwarz-weiß sein? Entweder – oder? Das ist es doch, was wir

Männern immer vorwerfen – und dann begehen wir denselben Fehler. Nein, es ist vielmehr eine Sache des Sowohl-als-auch:
Man kann sehr wohl die Harmonie wahren und trotzdem die Nacharbeit delegieren.
Wie? Indem Sie sich einfach etwas herauspicken, das der Delegationsnehmer wirklich gut gemacht hat, und auf diesen fruchtbaren Boden dann die Delegation der Nacharbeit pflanzen: „Herr Meier, wie Sie den Bericht wieder layoutet haben – also da sieht man wirklich die Mühe, die dahintersteckt. Jetzt sollten Sie nur noch das Hochzins-Szenario einfügen. Das brauchen wir nämlich zur Vorlage bei der Geschäftsführung. Schaffen Sie das bis morgen, sagen wir 14 Uhr?" Sagen Sie selbst: Das war doch sehr harmonisch und trotzdem ganz deutlich, oder?
Wer nacharbeitet, macht sich zum Sachbearbeiter dessen, der seine Arbeit nicht sauber erledigt. Möchten Sie Sachbearbeiterin sein? Oder haben Sie andere Wünsche und Pläne?

Verhindern Sie, dass andere ihre Probleme bei Ihnen abladen

Wenn man sieht, wie viel Überstunden und Mehrarbeit Frauen leisten und es trotzdem nicht so weit bringen wie die auf der faulen Haut liegenden Kollegen, kann man echt sauer werden. Warum arbeiten Frauen so viel? Weil sie nicht Nein sagen können? Nein, weil sie viel häufiger als Männer auf die Problemdelegation hereinfallen:
„Wir haben ein Riesenproblem mit der Disposition. Was sollen wir tun?"

Es ist nicht Ihr Problem! Unerfahrene Frauen reagieren darauf so: „Wo liegt denn das Problem?" Und schon schwallt der liebe Kollege oder Mitarbeiter los, lädt sein Problem bei ihnen ab und verwickelt sie in die Problemlösung: Sie verschwenden Zeit und Energie auf ein Problem, das nicht ihres ist.

Was erwidert ein Chef oder Kollege auf so einen Versuch der kalten Verantwortungs-Rückdelegation? „Das ist doch euer Problem! Ich habe schon immer gesagt, dass die Taktdauer in der Dispo viel zu hoch ist! Nun seht mal zu, wie ihr damit zurechtkommt!" Das ist hart und unkollegial. Aber es bringt weiter. Auch in der Karriere. Sollen Frauen das kopieren? Nur wenn sie wie ein Mann sein möchten.

Erfahrene Frauen lösen das anders. Sie erkennen nämlich, dass hier jemand seine Verantwortung für ein Problem an einen anderen delegieren will. Also delegieren sie prompt zurück: „Das ist tatsächlich ein Problem. Welche Möglichkeiten sehen Sie, es zu lösen?"

Der gut durchtrainierte Rückdelegierer wird sich davon nicht beeindrucken lassen und erwidern: „Ich weiß nicht – deshalb komme ich ja zu Ihnen!"

Dann müssen Sie ihm einfach zeigen, dass Sie sich ebenfalls nicht davon beeindrucken lassen: „Hmh, sehen Sie, Sie sitzen viel näher am Problem dran als ich. Schließlich ist das Ihre tägliche Arbeit. Also überlegen Sie sich doch einfach einmal drei Lösungsmöglichkeiten. Sagen wir bis heute Nachmittag, einverstanden?"

Der Mitarbeiter trabt am Nachmittag nicht nur mit drei Lösungen an. Er trabt mittelfristig nur noch mit drei Lösungen an, wenn er ein Problem hat. Und langfristig belästigt er Sie gar nicht mehr, weil er sich aus seinen drei Lösungen gleich die beste aussucht. Er kommt dann wirklich nur noch zu Ihnen, wenn er tatsächlich am Ende seines Lateins ist – und nicht, wenn er lediglich die Verantwortung für eine unangenehme Arbeit an frau delegieren will, von der er weiß, dass sie sein Spiel nicht durchschaut. So fördern Sie bei Ihren Mitmenschen die Eigenverantwortung.

Fördern Sie bei Ihren Mitarbeitern die Eigenverantwortung!

Wissen Sie, was viele Frauen auf den Ratschlag erwidern, kalte Rückdelegationen abzuwehren? „Schön und gut, aber das funktioniert bei mir nicht, weil ..." Warum das nicht funktioniert, ist im Grunde egal. Denn wer lieber an sich rückdelegieren lässt, statt etwas dagegen zu unternehmen, wird immer die Arbeit anderer machen, anstatt selber vorwärtszukommen. Das ist okay. Niemand ist dazu verpflichtet, weiterzukommen. Frau sollte dann

Sie haben die Kollegen, Chefs, Mitarbeiter, Kunden, Partner, Kinder und Lieferanten, die Sie sich erziehen

lediglich so ehrlich sein, nicht länger davon zu träumen. Denn im Grunde läuft es immer wieder auf dieselben beiden Fragen hinaus:

1. Was will ich (wirklich)?
2. Was bin ich bereit, dafür zu tun?

Ihr persönliches Veränderungsprojekt

Sie hätten nie erwartet, dass Frauen sich bei einer so einfachen Sache wie der Delegation derart heftig selbst sabotieren können? Sie fühlen sich von der Fülle der Informationen etwas erschlagen? Das ist normal.

Natürlich gibt es Frauen, die durch die zurückliegenden Kapitel spaziert sind, alles verstanden und bereits vieles umgesetzt haben. Wenn Sie dazugehören – herzlichen Glückwunsch! Mit einer derart schnellen Auffassungsgabe und einer derart hohen Change-Kompetenz stehen Ihnen Tür und Tor offen. Die meisten von uns fühlen jedoch eine Mischung aus Selbstvorwürfen, Überforderung und Ermattung. So vieles falsch und so viel zu tun? Lassen Sie sich von solchen Gedanken nicht irritieren.

Erkennen Sie solche Stimmen im Kopf an dem, was sie tun: Sie halten Sie von nötigen Veränderungen ab! Die meisten Frauen erkennen nämlich recht wohl, wie sie sich mit dem jahrelang praktizierten Verhalten selbst schaden, es sich schwerer machen als nötig. Doch gerade weil es so viel ist, überwältigt sie die nötige Veränderungsaufgabe. Männer haben da ganz andere Stimmen im Kopf. Stimmen, die ihnen offensichtlich suggerieren, dass sie die Besten und Klügsten seien – deshalb erkennen sie meist gar nicht ihren gravierenden Veränderungsbedarf.

 Geben Sie acht auf Ihre Gedanken: Was sagen Ihre inneren Stimmen zu den nötigen Veränderungen?

Was fangen wir mit diesen Stimmen im Kopf an? Die Frage muss lauten: *Wie* fangen wir es an? So wie unsere Kinder auch: klein.

 Wenn Sie sich von einer Aufgabe überfordert fühlen, ist nicht die Aufgabe zu groß, sondern Ihre Wahrnehmung zu grob.

Also: Lassen Sie sich nicht vom überwältigenden Großziel erschlagen, endlich besser delegieren zu können, sondern zerlegen Sie das Großziel in viele kleine, handhabbare Einzelziele:

Checkliste: Erfolg in zehn Schritten

Machen Sie sich die Veränderung leichter:

1. Picken Sie sich irgendeinen x-beliebigen Tipp aus den letzten beiden Kapiteln heraus, den Sie gerne ausprobieren möchten.

2. Fragen Sie sich: Traue ich mir das (jetzt schon) zu? Wenn nicht, zum 1. Schritt zurück.

3. Fragen Sie sich: Ist das Vorhaben klein genug? Wenn nicht, zurück zum 1. Schritt. Es ist nicht gut, sich zu überfordern.

4. Fragen Sie sich: Sind die Erfolgsaussichten für diesen ersten Anfang sehr gut? Wenn nein, zum 1. Schritt zurück. Es entmutigt, mit einem vorhersehbaren Misserfolg zu beginnen.

5. Überlegen Sie, wann, bei wem, wo und wobei Sie das neue Delegationsverhalten ausprobieren möchten.

6. Schließen Sie mit sich selbst einen inneren Vertrag (manche machen das auch schriftlich): In dieser Situation werde ich das neue Verhalten ausprobieren. Manche legen in diesem Eigenvertrag auch eine Konventionalstrafe fest: Bitte nur verwenden, wenn Sie das motiviert!

7. Probieren Sie es aus!

8. Führen Sie eine Nachbereitung durch:

    ● Was hat gut funktioniert?

    ● Was nicht so gut?

    ● Was mache ich beim nächsten Mal anders?

    ● Wann ist das nächste Mal? (Zurück zum 5. Schritt.)

9. Feiern Sie Ihren (Teil-)Erfolg. Als Erfolg gilt schon, dass Sie es probiert haben. Sprechen Sie sich selbst Anerkennung aus (Frauen vergessen das oft).

10. Welchen Delegations-Tipp gehen Sie als nächsten an?

Veränderung managen

Wir ziehen Kinder groß. Wir krempeln unsere Partner um. Aber wenn es darum geht, uns selbst zu verändern, sind wir nicht annähernd so erfolgreich.

Soll die Gesellschaft sich ändern? Sie werden es nicht glauben, doch viele Frauen wehren sich mit Händen und Füßen gegen eine Verbesserung. Vor Kurzem schrieb eine im Internet (bei Amazon): „Ich soll mich ändern? Wozu? Frauenfeindlichkeit wird doch in der Berufswelt großgeschrieben. Die Gesellschaft muss sich erst mal um 180 Grad drehen."
Da bleibt einem glatt die Spucke weg. Ist das frauenfeindlich? Nein, das ist schon kriminell: Die Frau als duldsames, kleines, armes, altes Opfer, das fügsam und still darauf wartet, dass sich

„etwas ändert", während die Männer ihr die Rosinen unter der Nase wegpicken – weil Männer nicht warten, bis ihnen etwas in den Schoß fällt! Sie holen es sich. Oder um unsere beiden Fragen für die erwähnte Leserbriefschreiberin zu beantworten:

1. Was möchte ich? Berufliche Gleichberechtigung.
3. Was möchte ich dafür tun? Warten, bis sich etwas ändert.

Keine einzige Frau auf der Welt, die es zu etwas gebracht hat, hat gewartet. Wer Veränderung will, darf sich nicht selbst davon ausnehmen. Aber haken wir diesen Rückfall in die Opferrolle ab und betrachten wir jene Hindernisse, die sich veränderungsbewussten Frauen in den Weg stellen.

Ihre Umwelt wird schockiert sein, wenn Sie Ihr Delegationsverhalten umstellen. Logisch, denn bislang war man gewohnt, bei Ihnen alles abladen zu können, was man selbst nicht erledigen mochte. Wenn Sie den Kollegen und Mitarbeitern nun ihre Verantwortung, die sie Ihnen aufbürden möchten, zurückdelegieren, werden diese sich natürlich auf die Hinterbeine stellen. Das ist verständlich, denn niemand mag es, wenn ihm höflich und beziehungsfreundlich gesagt wird, er solle seine eigenen Probleme doch sinnvollerweise selbst lösen. Sie werden zu hören bekommen:

❑ „Was ist los mit dir? Früher hast du das doch auch immer gemacht!"
❑ „Warum lassen Sie mich denn jetzt plötzlich hängen?!"

Was tun? Genau das, was der Sender der Botschaften möchte: Erklären Sie sich. Machen Sie, so nennt man das in der Fachsprache, Meta-Kommunikation (Kommunikation über Sinn und Zweck einer Kommunikation):

 Erklären Sie, warum und vor allem wozu Sie Ihr Delegationsverhalten geändert haben.

Und hüten Sie sich vor einer beliebten Falle: Erwarten Sie um
Himmels willen bloß nicht, dass Ihr Delegationsnehmer damit
einverstanden ist. Er ist es zunächst einmal nicht. Also hören Sie
auf, sich dafür zu entschuldigen. Es reicht für den Anfang völlig
aus, wenn der Delegationsnehmer Ihr Verhalten *verstanden* hat.
Einverstanden ist er erst später, nach zwei, drei Versuchen. Wenn er
einsieht, dass es auch für ihn besser ist, wenn er seine Probleme
selbst löst.

Tatsächlich geben sehr viele Frauen schon bei den ersten Problemen ihr Vorhaben auf, ihre Delegation zu verbessern. Sie haben
erwartet, dass alle Beifall klatschen, und sind nun von den
Buhrufen irritiert. Doch sagen Sie selbst: Können Sie Ihre Träume
verwirklichen, wenn Sie beim ersten Problem die Flinte ins Korn
werfen?

 Werfen Sie auf keinen Fall nach der ersten Enttäuschung
die Flinte ins Korn. Denn Erfolg stellt sich oft erst nach
der dritten Enttäuschung ein.

Der Delegationsgewinn

Wenn Frauen beginnen, richtig zu delegieren, erleben die meisten
nach ein, zwei Wochen einen Schock:

 Wer richtig delegiert, spart eine Menge Zeit.

Diese Menge lässt sich quantifizieren. Eine halbe bis zwei Stunden
pro Tag sind die Regel. Diese Zeitersparnis stellt sich in einem
Zeitraum von zwei bis vier Wochen ein. Bei Meisterinnen der
Delegation sind tatsächlich auch vier Stunden *pro Tag* drin. Das ist
dramatisch. Außerdem gilt das, was Raymond Chandler über
Frauen und Autofahren gesagt hat, auch für die Delegation:

„Wenn eine Frau wirklich gut delegiert, delegiert sie besser als die meisten Männer."

Männer schaffen die magischen vier Stunden äußerst selten. Was haben Frauen von einer guten Delegation? Zunächst berichten alle durch die Bank: „Ich fühle mich unglaublich befreit. Es ist, als ob mir eine Menge Steine vom Herzen gefallen sind. So macht die Arbeit viel mehr Spaß."

Doch es hat nicht nur Vorteile, wenn der Tag plötzlich zwei Stunden mehr hat: Viele sind von der einsetzenden Leere entsetzt. Was fange ich bloß an in dieser zusätzlichen freien Zeit? Etliche lassen sich dazu verleiten, prompt wieder „Blödjobs" zu übernehmen. Vor allem wenn die Kollegen sie verführen: „Mir ist aufgefallen, dass du in letzter Zeit viel freie Zeit hast. Könntest du mir nicht ... ?" Wer hier Ja sagt, schießt ein Eigentor mit doppeltem Rittberger.

 Tipp   Nutzen Sie die freigemachte Zeit sinnvoll.

Sinnvoll heißt: Verwirklichen Sie Ihre Träume, Wünsche und Ziele! Welche immer das auch sein mögen. Wer seine Wünsche wirklich ernst nimmt, tut das auch meist automatisch. Viele Frauen, die beruflich weiterkommen möchten, packen in der neuen freien Zeit jene Aufgaben an, die sie wirklich weiterbringen. Welche das für Ihr Vorwärtskommen sind, haben Sie inzwischen herausgefunden, wenn Sie die Tipps in Kapitel 1 umgesetzt haben.

Elvira hat zum Beispiel für ihr Geschäftsfeld eine Markterkundung übernommen, die der Vorstand ihres Unternehmens schon lange gewünscht hatte, für die aber keiner die nötige Zeit und den nötigen Mumm aufbringen konnte. Nach drei Wochen steht die Marktstudie, der Vorstand ist sehr zufrieden. Elvira wird jetzt als Kandidatin für den Posten eines Abteilungsleiters gehandelt, der demnächst frei wird. In ihrer neuen freien Zeit spricht sie bereits mit dem Abteilungsleiter, um Tipps einzuholen. Außerdem trifft sie öfter „zufällig" den Bereichsleiter, der ein gewichtiges Wörtchen bei der Besetzung des Postens zu sagen hat. Elvira hat ihre neue freie Zeit gut genutzt. Doch nicht nur für den Job: „Abends kann ich eine Stunde früher bei meinem Mann zu Hause sein – schon um sechs anstatt wie bisher um sieben."

Checkliste: Delegieren Sie!

❑ Seien Sie in einer ruhigen Minute ehrlich zu sich selbst und notieren Sie Ihre Delegationsschwächen vorwurfsfrei.

❑ Vermeiden Sie Qualitätsmängel bei der Delegation, indem Sie Qualitätsziele unmissverständlich kommunizieren.

❑ Reden Sie nicht um den heißen Brei herum. Sagen Sie beziehungsfreundlich, aber klar, was Sie haben wollen.

❑ Wenn ein Mitarbeiter oder Kollege sich dusselig anstellt bei der Arbeit, die Sie an ihn delegiert haben: Nicht übernehmen! Er versucht nur, Ihnen kalt rückzudelegieren.

❑ Wenn ein Mitarbeiter oder Kollege eine delegierte Aufgabe rückdelegiert, blendet er meist eine seiner Fähigkeiten aus. Blenden Sie diese wieder ein.

❑ Delegieren Sie richtig. Klären Sie unmissverständlich:
  - Was ist zu erledigen?
  - Bis wann?
  - Mit welchem Ziel?
  - Wozu? (Damit der Sinn klar wird)

❑ Vermeiden Sie implizite Formulierungen („Man sollte mal wieder …"). Formulieren Sie explizit: „Bitte erledigen Sie das!"

❑ Gewöhnen Sie sich die Furcht ab, dass Klarheit auf Ablehnung stößt. Wer klar redet, wird geschätzt und respektiert.

❑ Seien Sie überzeugt von dem, was Sie delegieren.

❑ Ist das nicht möglich, arbeiten Sie an Ihrer Überzeugung und kommunizieren Sie Ihre Ambivalenz. Aber so, dass trotzdem jedem klar ist: Die Aufgabe muss erledigt werden!

❑ Delegieren Sie endlich Aufgaben weiter, die Ihnen schon viel zu lange am Bein kleben!

❑ Arbeiten Sie Kollegen und Mitarbeitern nicht nach. Delegieren Sie Nacharbeiten.

❑ Wenn andere ein Problem bei Ihnen abladen wollen: Fragen Sie sie nach eigenen Lösungen.

Erfolgsfaktor III:

Führung und Motivation

7   Frauen führen andeutungsweise

Der weibliche Führungsstil: gut oder schlecht?

Frauen führen anders. Das bemerkt jeder, der schon einmal als Kollege, Mitarbeiter, Vorgesetzter, Kunde oder Berater weibliche und männliche Führungskräfte bei der Arbeit beobachtet hat. Wohlgemerkt: Männer und Frauen haben auch beim Führungsstil sehr viele Eigenschaften *gemeinsam*. Doch die *Unterschiede* reichen in Anzahl und Ausmaß aus, um einen eigenen, sogenannten weiblichen Führungsstil zu identifizieren. Dieser Stil hat inzwischen zu einer heillosen Verwirrung in der veröffentlichten Meinung gesorgt, die stets in einer gebetsmühlenartig wiederholten Formulierung kulminiert: „Frauen führen anders: mitarbeiterorientiert, motivierend und kommunikativ. Genau das ist heute gefragt! Dem weiblichen Führungsstil gehört die Zukunft!" Diese Behauptung zitiere ich aus einem Karriereberater für Frauen. Sie ist in vielen Büchern und Seminaren zu finden. Sie taucht alle Jahre wieder in den Fachzeitschriften und Tageszeitungen auf. Sie wird wie ein Mantra von Verbandsfunktionären wiederholt. Sie ist falsch.

Dass sie falsch ist, sieht jede Frau auf den ersten Blick: Wenn dieser Führungsstil so gefragt wäre, wie immer behauptet wird, dann wäre die Anzahl der weiblichen Führungskräfte im deutschsprachigen Raum nahe 50 Prozent (ähnlich wie in den USA) und nicht um die 10 Prozent.

Das ist typisch für die Diskussion der Frauenfrage im Business: Man wirft mit unbewiesenen und unbeweisbaren Behauptungen

Den typisch weiblichen Führungsstil gibt es tatsächlich

nur so um sich. Es liegt auf der Hand, dass man mit solchen unhaltbaren Pauschalbehauptungen den Frauen nicht hilft, sich das zu holen, was sie wollen und was ihnen zusteht. Denn im Business sollte man nicht pauschal, sondern analytisch und situationsbezogen denken:

❑   Was brauchen Frauen tatsächlich, um vorwärtszukommen?
❑   Inwieweit hilft ihnen (und Ihnen) der typisch weibliche Führungsstil dabei?
❑   Inwieweit behindert er sie (Sie) bei ihren (Ihren) Zielen?

Es ist ausgesprochen seltsam, dass diese simplen Fragen weder in der öffentlichen Diskussion noch in vielen Beratungskontexten gestellt, geschweige denn beantwortet werden. Auch das erklärt, warum Frauen es in Europa nicht allzu weit bringen. Lassen Sie uns dieses Versäumnis korrigieren.

 Der typisch weibliche Führungsstil ist weder besser noch schlechter als der typisch männliche Führungsstil. Er ist zunächst einmal nur eines: anders.

Ob der weibliche Führungsstil besser oder schlechter ist, hängt davon ab, ob er Frauen weiterbringt. Dieser Frage gehen wir in den folgenden Kapiteln nach, und zwar für fünf wesentliche Komponenten des weiblichen Führungsstils:

❑   Die indirekte Führung (Kapitel 7)
❑   Die Konfliktscheu (Kapitel 8)
❑   Die beziehungsorientierte Führung (Kapitel 9)
❑   Kritische Führungselemente (Kapitel 10)
❑   Spezielle Führungsvorteile (Kapitel 11)

Der indirekte Führungsstil: andeuten statt anweisen

Franz legt Eva-Maria seinen Report für die Vorstandssitzung vor. Franz ist Projektleiter, Eva-Maria seine Vorgesetzte. Sie überfliegt den Bericht und sagt: „Hmh, sehr schön ausformuliert. Ist soweit in Ordnung. Höchstens den Tabellenteil könnte man noch etwas übersichtlicher gestalten."

Sie können sich inzwischen vorstellen, was dieses Feedback bei Franz auslöst: nichts. Als Franz den Report bei der Vorstandssitzung tatsächlich in der vorgelegten Form präsentiert, ist Eva-Maria außer sich:

„Wir hatten doch besprochen, dass der Tabellenteil nochmals überarbeitet werden muss!"

„Wie? Aber Sie sagten doch, dass der Bericht soweit in Ordnung sei!"

Was hätte ein Mann bei der erstmaligen Vorlage des Berichts gesagt? Ungefähr: „Herr Meier, wie sieht denn der Tabellenteil aus? So geht's nun wirklich nicht. Gliedern Sie die Tabellen schön übersichtlich durch!"

 Männer geben Anweisungen. Frauen machen Andeutungen.

Nicht immer, aber signifikant häufiger als Männer. Männer machen so gut wie nie Andeutungen. Sie sagen klipp und klar, was sie wollen. Auch wenn das sehr oft persönlich verletzend, ironisch, von oben herab und beziehungsfeindlich wirkt. Frauen geben normalerweise auch Anweisungen. Aber sobald diese peinlich, verletzend, problematisch, konfliktär oder persönlich werden könnten, weichen sie in Andeutungen aus.

Viele Frauen sind sich dieses Verhaltensstereotyps so wenig bewusst, dass sie es noch nicht einmal bemerken, wenn sie andeuten.

Deshalb, sozusagen als kleine Erinnerungs- und Erkennungsstütze, einige typische Elemente des indirekten Sprachstils.

Symptome des indirekten Weisungsstils	
Indirekte Andeutung:	Direkt und doch freundlich:
Konjunktiv: „Könnten Sie …?"	Indikativ: „Bitte erledigen Sie das."
Anonymisierung: „*Wir* sollten das noch einmal überdenken."	Persönliche Ansprache: „Überlegen *Sie* sich das nochmals."
Anonymisierung: „*Man* sollte das abstellen."	Persönliche Ansprache: „Bitte stellen *Sie* das ab."
Passivkonstruktion: „Das müsste noch gemacht werden."	Aktivkonstruktion: „Bitte überarbeiten Sie das."

 Bei welchen typischen Andeutungen ertappen Sie sich? Notieren Sie, wenn Sie möchten, die Andeutung und die passende direkte Formulierung:

_____

_____

_____

Wenn Ihnen zu diesen leeren Zeilen absolut nichts einfällt, kann das zwei Gründe haben. Erstens: Sie führen stets direkt. Diese Möglichkeit tritt mit einer Wahrscheinlichkeit von etwa 10 Prozent auf. Zweitens: Sie haben noch keine allzu große Übung in der Eigenreflexion. Das heißt, Sie führen hin und wieder indirekt, es fällt Ihnen aber nicht weiter auf. Etwas uncharmant formuliert: Sie haben einen blinden Fleck. Ausgerechnet an einer Stelle, die jede Minute Ihres Lebens über Ihre Zukunft entscheidet. Wollen wir Licht ins Dunkel bringen?

Nosce te ipsum – Erkenne dich selbst

Dieses Motto steht über dem Portal des Apollo-Tempels zu Delphi, in dem das berühmte Orakel sein Zuhause hatte.

Die ganze Diskussion um den typisch weiblichen Führungsstil bringt Ihnen nicht allzu viel, solange Sie sich selber noch nicht so gut kennen, sich selbst noch nicht so gut reflektieren können, dass Sie gar nicht wissen, welchen Stil Sie wann, wozu und vor allem mit welchen Folgen pflegen. Deshalb ist es von größter Wichtigkeit, dass Sie eine ausreichende Aufmerksamkeit für Ihr eigenes Führungsverhalten entwickeln.

An dieser Aufmerksamkeit mangelt es in vielen Formen. Zum Beispiel erkennen viele Frauen überhaupt nicht das Problem: „Aber ich sage doch immer, was meine Mitarbeiter zu tun haben!" Begleitet man diese Vorgesetzten einmal durch den Führungsalltag, entdeckt ein geschulter Prozessbeobachter meist 20 bis 40 indirekte und daher sehr ungenaue Anweisungen. Die Mitarbeiter entdecken diese ebenfalls: „Was hat sie damit nun wieder gemeint?"

Was meint sie damit?

Das heißt, viele Frauen erkennen weder die Existenz noch die Relevanz noch die produktivitätsvernichtenden Folgen ihres indirekten Führungsstils. Diese mangelnde Selbsterkenntnis ist vor allem direkt vor und direkt nach einer Beförderung ein echter Karrierekiller:

❑ Frauen, welche die Folgen ihres Führungsstils nicht abschätzen können, werden ceteris paribus (wenn alle anderen Faktoren konstant und vergleichbar sind) seltener befördert, weil sie ihr Führungsverhalten überhaupt nicht korrigieren können: Sie nehmen ihr Verhalten gar nicht wahr.

❑ Frauen, die trotz dieser Berufsbehinderung befördert werden, erleben kurz nach der Beförderung oft einen „Absturz" der Marke: „Mit meinen neuen Mitarbeitern komme ich überhaupt nicht zurecht!" Irrtum, die Mitarbeiter kommen mit der neuen Chefin nicht zurecht, weil sie oft nicht wissen, was diese

von ihnen erwartet, beziehungsweise weil sie ihre lückenhaften Anweisungen falsch interpretieren.

Checkliste: Führen Sie indirekt?

❑   Beobachten Sie Ihr eigenes Führungsverhalten: In welchen konkreten Situationen sagen Sie nicht klipp und klar, was Sie von einem Mitarbeiter erwarten? Notieren Sie, wenn Sie möchten:

_____

_____

_____

❑   Welche Folgen haben diese Andeutungen?

❑   Achten Sie besonders auf die häufigste Folge: Mitarbeiter tun nicht das, was Sie von ihnen erwarten. Nicht weil sie nicht motiviert wären, sondern weil Sie unklar formuliert haben.

❑   Was hindert Sie daran, dem Mitarbeiter klipp und klar zu sagen, was Sie von ihm erwarten?

❑   Räumen Sie diese Hindernisse aus (s. nächster Abschnitt).

Typische Andeutungen

Weil der indirekte Führungsstil Frauen so vehement dabei behindert, das zu bekommen, was sie sich wünschen, betrachten wir einige typische Fälle. Diese Fälle sind den Mitarbeitern und Außenstehenden meist völlig klar – den betroffenen Managerinnen alles andere als das.

Lilly sagt: „Peter, Kunden wie den Meier musst du bevorzugt behandeln. Die haben das Potenzial zu A-Kunden." Drei Wochen nach dieser Anweisung stürmt Lilly in Peters Büro: „Was hast du dir dabei gedacht? Dein Deckungsbeitrag ist um 17 Prozent runter! Wir können unser Rentabilitätsziel nicht halten!" Peter ist empört: „Aber du hast doch selber gesagt, dass wir bestimmten Kunden entgegenkommen sollen! Ich habe nur ein paar Rabatte gewährt!" Peinlich, nicht? Lilly bekommt Riesenärger mit dem Controlling und mit ihrem Chef, weil ihre „Zahlen nicht stimmen". Und alles nur, weil sie eine unklare Anweisung gab.

 Gehen Sie vorsichtshalber davon aus, dass Missverständnisse nicht die Ausnahme, sondern die Regel sind.

Lilly hat einfach vergessen zu definieren, was konkret sie von Peter erwartet, was genau sie unter bevorzugter Behandlung versteht. Weitere typische Unklarheiten:

„Das muss schnell noch erledigt werden!" Was heißt schnell? Bis wann konkret? Und da Sie den Mitarbeiter wohl kaum Däumchen drehend angetroffen haben: Welche Aufgaben darf er deshalb schieben, kürzen oder stornieren?

„Seien Sie doch nicht so ... " Frauen benutzen diesen Pauschalimperativ oft und gerne. Vor allem Männer bringt das auf die Palme: „Sie sagt mir, ich solle in den Meetings nicht so direkt sein. Soll ich es etwa verschweigen, dass das Marketing uns hängen lässt? Soll ich so tun, als ob alles eitel Sonnenschein wäre?" Frauen nehmen oft an, dass schon klar sei, was sie meinten. Merke: Solange ein Mitarbeiter solche Fragen stellt, ist es nicht klar. Dazu muss er noch nicht einmal Fragen stellen. Das erkennen Sie schon an seinem Gesicht.

Pauschalimperative

Machen Sie doch mal die Probe aufs Exempel und achten Sie einen Tag lang auf Ihre Äußerungen:

❑ Sind sie klar?
❑ Kommen sie an?
❑ Tun die Mitarbeiter das, was Sie gesagt haben?
❑ Wenn nicht, wie müssten Sie formulieren, damit sie es tun?

Warum Frauen andeuten

Was hindert Sie daran, in bestimmten Situationen klipp und klar Ihre Erwartungen an Ihre Mitarbeiter zu äußern? Erforschen Sie Ihre Motive. Bei den meisten Frauen ist es einer der folgenden Beweggründe: Sie möchten

❑ dem Mitarbeiter eine Unannehmlichkeit ersparen;
❑ nicht als böse Vorgesetzte dastehen („Everybody's Darling"-Syndrom);
❑ keinen Konflikt heraufbeschwören;
❑ den Mitarbeiter nicht bevormunden – denn im Grunde weiß er doch, was von ihm erwartet wird.

To do	Welcher persönliche Beweggrund kommt bei Ihnen hinzu? Notieren Sie ihn, wenn Sie möchten:
	_____
	_____
	_____

Was haben alle diese Motive gemein? Sie unterstellen einen Widerspruch zwischen Klarheit und Beziehungsorientierung. Dieser Widerspruch wird dadurch noch zugespitzt, dass er vielen Frauen bewusst ist und spontan mit dem typisch männlichen Führungsstil verglichen wird: „Klar sagen die Kollegen ihren

Mitarbeitern viel deutlicher, was sie von ihnen erwarten – aber so brutal bin ich eben nicht!"

Da ist es wieder, das typisch weibliche Dilemma: Wir wissen, dass unser Stil in einer bestimmten Situation versagt – aber wir möchten nicht so sein wie die Männer. Dass sich diese Frage überhaupt nicht stellt, dass dieser Widerspruch zwischen Klarheit und Höflichkeit keiner ist, dass die männliche Variante genauso unsinnig ist, darauf kommen nur die wenigsten. Nämlich die erfolgreichen Frauen. **Das typisch weibliche Dilemma**

Eine Frau kann eine Anweisung durchaus direkt und trotzdem so formulieren, dass der andere dafür dankbar ist.

Dass erfolgreiche Frauen diese kommunikative Fähigkeit beherrschen, belegen ihre Äußerungen zu den oben angesprochenen Hemmungen.

Z.B. Anastasia, 27 Jahre, Innendienstleiterin eines Großhändlers, zum Wunsch, dem Mitarbeiter eine Unannehmlichkeit zu ersparen: „Ich muss ihm trotzdem klar und deutlich sagen, was ich von ihm will. Denn viel unangenehmer wird es für ihn, wenn ich es nicht tue, er mich missversteht und das Falsche abliefert. Man kann durchaus beides tun: deutlich reden und trotzdem keine unangenehme Situation provozieren. Das kann man lernen. Ich habe es auch lernen müssen."

Franziska, 43 Jahre, Geschäftsführerin des Familienunternehmens: „Wenn ich etwas anweisen muss, von dem ich weiß, dass es meinen Leuten wehtut und dass sie mir deshalb böse sein könnten, steuere ich dagegen. Je schlimmer die Nachricht, desto stärker nehme ich sie verbal in den Arm. Ich habe festgestellt, dass sie mir danach nicht böse sind. Im Gegenteil. Sie wären mir böse, wenn ich es schöngeredet hätte. Sie erwarten von mir, dass ich Tacheles rede, aber dass ich ihnen auch Sicherheit gebe. Als Frau kann ich das sehr viel besser als die männlichen Verwandten, die vor mir die Firma leiteten."

Siggi, 22 Jahre, frischgebackene Teamassistentin: „Auf klare Anweisungen hin gibt es keinen Konflikt – Konflikte sind immer nur unbeantwortete Fragen. Also beantworte ich sie."

Anneliese, 52 Jahre, Bereichsleiterin eines Kfz-Zulieferers: „Ich habe es aufgegeben, von meinen Leuten zu erwarten, dass sie das, was ich als notwendig erkenne, auch automatisch als notwendig erkennen. Andeutungen helfen nicht weiter. Ich sage direkt, was ich will. Aber ich sage es immer höflich und freundlich – und wenn ich merke, da hat einer Probleme damit, dann reden wir darüber."

Tipp Egal, was Sie daran hindert, Ihren Mitarbeitern klipp und klar zu sagen, was Sie von ihnen erwarten: Dieses Hindernis ist keines. Lösen Sie den künstlichen Widerspruch auf.

Das „Mannweib" in der Führung

 z.B. Natalie sagt zu Patrick: „Wie das? Sie haben den Investitionsantrag immer noch nicht fertig? Bis morgen früh, neun Uhr, liegt der Antrag komplett ausgefüllt auf meinem Tisch. Haben wir uns verstanden, Herr Binder?" Natalie verlässt das Büro. Patrick verdreht die Augen, schaut zum Kollegen und murmelt etwas wie: „Dieses Mannweib, haut's dir nur so um die Ohren."

Da schau her, ein Fall von Doppelmoral. Wenn ein Vorgesetzter so mit Patrick geredet hätte, hätte Patrick „gespurt", höchstens zum Kollegen gesagt: „Hui, der Alte ist ja heute wieder mies drauf!" Aber wenn eine Vorgesetzte so spricht, ist sie gleich ein Mannweib, eine Schreckschraube oder Beißzange. Wie nennt man sie in Ihrem Unternehmen?

Wie Sie mit Doppelmoral umgehen, betrachten wir im Teil IV: Gesundes Durchsetzungsvermögen. Was uns dagegen an dieser Stelle interessiert, ist der weibliche Führungsstil: Wo ist er hin? Warum führt Natalie nicht typisch weiblich, sondern wie ein Mann?

Tatsächlich haben viele Frauen in Führungspositionen den männlichen Führungsstil ganz oder in bestimmten Teilen übernommen. Das macht der Anpassungsdruck: Wenn frau tagein tagaus nichts anderes sieht, hört und erlebt, passt frau sich ganz unbewusst an. Das ist nicht schlimm. Es erhebt sich nur die Frage: Wie fühlen Sie sich dabei?

Es gibt Frauen, die fühlen sich mit dem typisch männlichen Führungsstil wohl. Sind Sie eine solche?

Wir reden hier über nichts Geringeres als Ihre Identität: Wer wollen Sie sein? Wer wie ein Mann redet, anweist und führt, wird in bestimmten Teilen der Persönlichkeit quasi zum Mann. Das hat Vor- und Nachteile. Ein Vorteil ist eine für Frauen nahezu unglaubliche Freiheit: „Ich sage, was Sache ist, und alle richten sich danach!" Ein Nachteil ist jener, unter denen auch „normale" Männer leiden: Die Beziehungsintelligenz verkümmert.

Wer wollen Sie sein?

Was wollen Sie sein? Viele Frauen, die sich coachen lassen, beklagen, dass sie in ihren Führungsjahren „hart und kalt" geworden sind. Logisch, man kann nicht jahrelang anweisen wie ein Mann, ohne wie einer zu werden. Sprache formt den Charakter. Die Frage ist nur: Möchten Sie diesen Charakter? Wenn nicht, sollten Sie auf Ihre Sprache achten.

Es ist noch kein guter Sprachstil vom Himmel gefallen

Weisen Sie nicht an wie ein Mann, wenn Sie keiner werden wollen. Man kann auch anweisen, ohne hart und herzlos zu werden. Lernen Sie es notfalls. Das kann man lernen. Alle erfolgreichen

**Männer überdenken
ihren Führungsstil**

Frauen haben es entweder durch eigene Übung mit viel Selbstdiszi-
plin oder mithilfe von Trainern und Coachs gelernt.
Und kommen Sie nur nicht mit dem Einwand, dass dies wieder eine
typische Benachteiligung der Frau sei: Frauen müssen ihren
Sprachstil trainieren – Männer nicht! Das ist Käse. Männer sind
mit ihrem direkten, verletzenden Führungsstil noch viel schlimmer
benachteiligt als Frauen. Zwar wird gemacht, was sie sagen – doch
immer nur dann, wenn sie es sagen. Wenn einem Mitarbeiter
ständig auf brutale Art gesagt wird, wo der Hammer hängt, rührt
er aus freien Stücken keinen Finger mehr. Gerade deshalb stellen
zurzeit viele Männer ihren Führungsstil um. Die Seminarthemen
spiegeln das wider: „FmZ – Führen mit Zielvereinbarungen“,
„Partizipativer Führungsstil“, „Empowerment“ und so weiter.
Das heißt: Es bedeutet immer etwas Arbeit, den eigenen Führungsstil zu entdecken, zu entwickeln und zu pflegen. Natürlich wäre es
schön, wenn Elternhaus, Schule und Ausbilder einem dabei helfen
würden. Tun sie aber nicht. Weder Männern noch Frauen. Wer
etwas aus sich machen will, muss das selber tun. Das ist lästig.
Aber auch eine Chance: Wer sollte es sonst für Sie tun (können)?

Checkliste: Direkt und freundlich führen

❑ Beobachten Sie Ihr Verbalverhalten in Führungspositionen: Sagen Sie klipp und klar, was Sie von Ihren Mitarbeitern erwarten?

❑ Wenn nicht, was hindert Sie daran? Räumen Sie die Hindernisse aus.

❑ Sie müssen nicht führen wie ein Mann: Sie können klar und trotzdem kollegial führen.

❑ Eignen Sie sich (durch Übung, Training oder Coaching) eine Sprache an, die klar und trotzdem beziehungsfreundlich ist.

❑ Wenn Sie so direkt und unbarmherzig wie ein Mann Ihre Anweisungen geben: Wie zufrieden sind Sie mit diesem Führungsstil? Möchten Sie ihn ändern?

❑ Stellen Sie sich vor und nach jeder Führungssituation zwei Fragen: Wenn ich das so formuliere:

1. Ist meinem Mitarbeiter unmissverständlich klar, was ich ganz konkret von ihm bis wann, wozu und mit welchem Ziel erwarte?

2. Formulier(t)e ich so, dass er merkt, dass ich ihn persönlich wertschätze und ihn unterstütze?

8   Die Angst vor Konflikten

Die Quartals-Cholerikerin

 Franka, 37 Jahre, ist Projektleiterin in einem IT-Unter-nehmen. Ihr Projektteam ist sauer auf sie: „Unser Budget wurde schon wieder gekürzt. Warum immer nur unse-res? Und warum verteidigt uns Franka nicht?" Diese Klage wurde schon so oft erhoben, dass Franka kaum mehr Mitarbeiter für ihre Projekte findet. Sie steht im Ruf, ihre eigenen Teams zu verraten. Sie sieht ihre berufliche Zukunft bedroht.
Deshalb ergreift sie die nächste Gelegenheit. Als der Geschäftsführer wieder einmal zwei Mitarbeiter aus ihrem Team abzieht, haut sie auf den Tisch und sagt ihm deutlich die Meinung. Daraufhin wird ihr Projekt still und heimlich auf Eis gelegt, ein Parallelauftrag an ein neues Projektteam vergeben. Franka wurde ausgeboo-tet. Was hat sie daraus gelernt? „Egal, wie hoch mir die Galle kommt – immer schön diplomatisch bleiben."

Sie meint das tatsächlich ernst. Dabei ist es der blanke Unfug. Kommt sie von allein auf diesen Unsinn? Nein, sie hat einen Coach besucht. Einen weiblichen. Diese Beraterin hat ihr diesen Selbstsa-botage-Rat gegeben. Dabei ist es nicht Diplomatie, woran es Franka mangelt, sondern Konfliktfähigkeit:

 Viele Frauen gehen Konflikten viel zu lange aus dem Weg.

Dafür hauen sie dann umso heftiger auf den Tisch, wenn die ganze aufgestaute Wut überkocht: Das schadet dann mehr, als es nutzt. Weil es so überraschend kommt. Arbeitspsychologen nennen solche Frauen auch „Quartals-Cholerikerinnen". Sie fressen alles in sich rein – bis sie einmal im Quartal platzen.

Frauen meiden Konflikte

Frauen klären Konflikte tendenziell nicht, sie vermeiden sie. Sie verhalten sich in bestimmten konfliktträchtigen Situationen einfach unauffällig, „damit nichts hochkommt" – anstatt Missstände klar und deutlich, aber beziehungsfreundlich anzusprechen. Sie umgehen kontroverse Situationen, anstatt sich ihnen zu stellen, nein, sie zu suchen. Sie ducken und schlucken, anstatt den Mund aufzumachen.

Herausragendes Beispiel: Männer reißen frauenfeindliche Witze. Frauen stehen daneben und lächeln gequält. Viele finden die Witze ungehörig, sagen aber nichts. Schlimmer noch: Mit ihrem Lächeln vermitteln sie den Eindruck, dass sie das auch noch lustig finden. Warum verraten sie ihre eigenen Interessen? Weil sie lieber dem Konflikt aus dem Weg gehen.

Frauenfeindliche Witze – wie reagieren Sie?

Checkliste: Wo meiden Sie Konflikte?

- ❏ Welche „Leichen" haben Sie im Keller? Wo haben Sie aus Ihrem Herzen eine Mördergrube gemacht? Welche alten Konflikte in Ihrem Arbeitsumfeld schlummern unter der Oberfläche von „alles in Ordnung"?

- ❏ Wenn ein Missstand sich wiederholt – bei der wie vielten Wiederholung sprechen Sie ihn an?

- ❏ Wenn Sie etwas stört – wann sprechen Sie es an?

❑   Wie oft beschwichtigen Sie, anstatt den Konflikt zu klären?

❑   **Wann haben Sie das letzte Mal gute Miene zum bösen Spiel gemacht?**

❑   Welche latenten Konflikte würden Sie gerne lösen, anstatt sie vor sich her zu schieben? Notieren Sie, wenn Sie möchten:

Die weibliche Harmoniesucht

Warum vermeiden Frauen Konflikte? Dafür gibt es viele Gründe. Einer ist die Angst vor Ablehnung: „Wenn ich auf den blöden Witz hin nicht zumindest lächle, gelte ich als Zicke." Diese Angst ist menschlich und verständlich. Aber sie ist wie jede Angst nur das: eine Angst. Oder wie Simone de Beauvoir es einmal formulierte: „Wer Angst hat, hat noch nicht scharf nachgedacht."

 Ängste verschwinden immer, wenn Sie über sie nachdenken.

Natürlich, wenn Sie auf den Witz hin sagen: „Das finde ich aber abscheulich!", ernten Sie Ablehnung. Wenn Sie auf den frauenfeindlichen Witz jedoch einen männerfeindlichen erzählen, ernten Sie Gelächter. Wiederholen Sie das dreimal und die Männer erzählen andere Witze – schließlich sind sie (mehrheitlich) keine Masochisten. Sie können es auch anders anstellen, zum Beispiel: „Fällt dir kein besserer Witz ein?" Oder: „Aber Hänschen, hast du

solche Zoten echt nötig?" Oder wie es eine besonders schlagfertige Kollegin machte: „Hast du Samendruck, dass du so auf diesem Thema rumreitest?" Es gibt viele Möglichkeiten, welche wählen Sie?

 Wer Konflikte verschärft, erntet Ablehnung. Wer sie klug löst, erntet Zustimmung.

Ein zweiter Grund, warum Frauen Konflikte meiden, ist die Beziehungsorientierung. Sie meiden Konflikte um des lieben Friedens willen, weil „es doch nichts bringt, wenn wir uns deshalb die Köpfe einschlagen". Das ist eine noble Einstellung.

 Unterziehen Sie Ihre Einstellungen hin und wieder einem Folgen-Check: Was ist Folge dieser Einstellung?

Die Folge der harmonieorientierten Einstellung ist, dass dadurch die Harmonie gestört wird. Denn der Konflikt wird nicht gelöst. Er wird ignoriert, unter den Teppich gekehrt. Mit Vermeidung kann man keinen Konflikt lösen. Konflikte, die nicht geklärt, sondern vermieden werden, wachsen an. Jeder Konflikt war einst ein Konfliktchen.

Sie müssen Konflikte nicht meiden, weil sie die Harmonie stören oder weil Sie abgelehnt werden könnten. Sie können jeden Konflikt auch so lösen, dass dabei und dadurch die Harmonie steigt und Sie Zustimmung ernten.

Ich bin nicht wichtig

Es gibt noch einen dritten Grund, weshalb Frauen Konflikte meiden und sie damit verschlimmern. Es ist ein Grund, der kaum

artikuliert wird, den aber jede schon einmal gespürt hat: Meine
Wünsche sind nicht so wichtig.

Betrachten wir das Beispiel des frauenfeindlichen Witzeerzählens.
Sandra bringt das Thema in einer Coaching-Sitzung auf den Tisch,
worauf sich folgendes Gespräch entfaltet:

z.B. Sandra: „Naja, so schlimm ist es auch nicht. Ich sage mir
immer, lass doch den Jungs ihren harmlosen Spaß."
Coach (ein weiblicher Coach, versteht sich): „Hmh,
verstehe ich nicht. Sie sagten eben, dass Sie die dummen
Witze stören, und jetzt es doch nicht so schlimm?"
„Beides. Beides stimmt. Mich stört es. Aber so schlimm
nun auch wieder nicht."
„Was ist denn Ihr Interesse in der Situation?"
„Mir nicht diese dummen Witze anhören zu müssen."
„Was ist das Interesse der Kollegen?"
„Sie zu erzählen."
„Welches Interesse ist wichtiger?"
„Hm."
„Wenn Sie widerspruchslos zuhören, welchem Interesse
geben Sie damit den Vorrang?"
„Natürlich dem der Männer."
„Warum?"
„Weil, weil … "

Interessenabwägung Weil Sandras eigenes Interesse ihr nicht so wichtig ist wie das
Interesse der Männer. Doch bis Sandra zu dieser Antwort fähig ist,
dauert es noch eine Weile. Zirka eine Coaching-Stunde. Denn diese
Selbstbehinderung im Kopf sitzt tief: „Was andere wollen, ist
wichtiger." Diese Selbstvernachlässigung hat man uns bereits im
frühester Kindheit eingetrichtert. Und auch unsere Mütter machten da mit – weil sie es auch nicht anders gelernt hatten. „Sei doch
nicht so selbstsüchtig. Was sollen die anderen denn von dir
denken?"

Wann immer Sie bemerken, dass Sie einem Konflikt ausweichen wollen, fragen Sie sich: Welchem Interesse gebe ich damit automatisch den Vorzug? Und liegt das in meinem Interesse?

Erfolgreiche Frauen haben ein sehr feines Gespür für Interessen. Sowohl für die Interessen anderer als auch für die eigenen. Sie wissen, was sie wollen. Und sie stehen dazu. Nicht zum Preis der Vernachlässigung aller anderen Interessen. Aber das war auch nie das Problem von Frauen. Das Frauenproblem war immer, dass stets alle anderen Interessen vor ihren eigenen kamen.

 Tun Sie sich selbst einen Gefallen. Betrachten Sie von vornherein Ihre Interessen als zumindest gleichwertig zu allen anderen Interessen.

Das ist keine Überheblichkeit, das ist schlichtes Menschenrecht und im Grundgesetz verankert: Gleiche Dinge sind gleich zu behandeln. Sind Männer und Frauen gleichwertig? Dann müssen Sie Ihre Interessen auch gleichwertig zu jenen der anderen behandeln. Das sind Sie sich schuldig.

Zugegeben, das ist ein Lernprozess, der das ganze Leben andauert. Man ist nie fertig damit. Erfolgreiche Frauen sind keine Meisterinnen im Erkennen und Durchsetzen ihrer eigenen Interessen. Sie sind dabei Anfängerinnen wie Sie auch. Sie haben weniger erfolgreichen Frauen nur eines voraus: Sie stellen sich ständig die Frage nach der Wichtigkeit der Interessen. Weniger erfolgreiche Frauen gehen automatisch davon aus, dass ihre nicht so wichtig sind – und meiden den Konflikt.

Checkliste: Wie konfliktstark sind Sie?

❑ Ich gebe jedem Mitarbeiter zuerst einmal die Chance, einen Missstand abzustellen, bevor ich ihn darauf aufmerksam mache.

❑ Ich sage es immer sofort, wenn mir ein Missstand auffällt.

❑ Jeder von uns schleppt ein paar ungelöste Geschichten und Dauerärgernisse mit sich herum. Das gehört zur Arbeit.

❑ Ich bearbeite Konflikte so lange, bis sie beigelegt sind.

❑ Wenn Konflikte ausbrechen, versuche ich zunächst einmal, die Hitzköpfe zu beruhigen und die Gemüter zu beschwichtigen.

❑ Konflikte kann man nur archaisch klären: Es muss raus, was rausdrängt.

❑ Ich schaue erst einmal zu, ob sich die Sache nicht von alleine wieder einrenkt.

❑ Ich bringe alles, was stört, sofort auf den Tisch.

❑ Wenn ich sehe, dass keine Lösung möglich ist, gebe ich auch mal nach.

❑ Ich verhandle so lange, bis eine Win-Win-Situation entsteht.

Sie werden es bemerkt haben: Die Aussagen in den grauen Feldern sind typische Konfliktvermeidungs-Bekenntnisse. Die Aussagen in den weißen Feldern sind Aussagen von konfliktstarken Managerinnen. Daraus können Sie die Prinzipien einer erfolgreichen Konfliktbewältigung herauslesen. Manche Frauen begehen dabei einen Denkfehler und geraten auf einen Holzweg.

Der Holzweg: Männer hauen auf den Tisch

Die meisten Frauen in Führungspositionen bemerken recht schnell, dass an ihrem Konfliktverhalten etwas nicht stimmt: Die Konflikte verschwinden nicht, wenn man beschwichtigt und vermeidet. Also schauen sie sich suchend nach Alternativen um. Wohin blicken sie? (Wohin blicken Sie?) Auf die augenfällige Alternative: die Männer. Das ist eine der größten Paradoxien des weiblichen Führungsverhaltens:

 Viele Frauen bemerken die Mängel des typisch weiblichen Führungsstils. Bei der Suche nach Alternativen geraten sie jedoch vom Regen in die Traufe: Sie kopieren Männer.

Das männliche Konfliktverhalten ist das Gegenteil vom weiblichen. Frauen meiden den Konflikt, Männer (in Führungspositionen) suchen ihn geradezu: Beim kleinsten Anlass hauen sie sofort mit aller Macht auf den Tisch. Das imponiert Frauen natürlich. Melanie sagt zu einem Mitarbeiter: „Hören Sie mal, Herr Groß, bei einem Mann als Vorgesetztem kommen Sie damit nicht durch. Ich sehe nicht ein, warum ich es Ihnen durchgehen lassen soll." Expliziter kann die Kopie des männlichen Konfliktverhaltens nicht mehr sein. Nun, das muss nicht schlecht sein. Vielleicht lohnt es sich ja, diese Verhaltensweise von Männern zu kopieren.
Die schlechte Nachricht: Es lohnt sich nicht. Denn was Männer beim Draufhauen tun, ist selbst für eine Zwölfjährige als das zu erkennen, was es ist: reine Überreaktion. Sie nehmen auch noch den kleinsten Anlass wahr, um zu zeigen, wer der Herr im Hause ist.

 Es ist unklug, das männliche Konfliktverhalten zu kopieren.

Die Lösung ist schlimmer als das Problem

Denn damit verschlimmert man Konflikte nur: Wer auf den Tisch haut, löst keine Konflikte. Er drängt die Konfliktparteien lediglich in den Untergrund, zwingt sie zu faulen Kompromissen. An der Oberfläche scheint alles in Ordnung. Aber untendrunter schwelt der Konflikt weiter und wartet nur darauf, bei der nächsten Gelegenheit wieder hochzukommen. Wer auf den Tisch haut, muss das deshalb immer häufiger tun, weil immer häufiger das Runtergehauene mit aller Macht wieder hochdrängt. Eine typische Watzlawick'sche Konstellation: Die Lösung ist schlimmer als das Problem.

Das Problem mit diesem Problem ist nur: Es wird zum Standard erhoben. Zwar ist Auf-den-Tisch-hauen ungefähr das Allerdümmste, was man im Konfliktfall machen kann, doch dieses Fehlverhalten ist leider inoffizielles und geduldetes Führungsleitbild. Denn wenn eine Frau im Konfliktfall nicht auf den Tisch haut, kommen Sprüche wie:

❏ „Die hat einfach nicht die Härte fürs Business."
❏ „Kriegt ihren Laden nicht unter Kontrolle."
❏ „Führt windelweich, lässt alles durchgehen."
❏ „Typisch Frau, kann einfach nicht hart durchgreifen."

Was also tun? Sich dem Anpassungsdruck beugen und wie die Neandertaler auf den Tisch hauen?

 Laura, 31 Jahre und Support-Leiterin, sagt dazu: „Ich bin doch nicht auf den Kopf gefallen! Warum soll ich meine Konflikte mit Brachialgewalt lösen, wo mir die Männer doch täglich vorführen, dass das nur eine Scheinlösung ist? Ich habe mir stattdessen die nötige Konfliktkompetenz angeeignet – und lasse das auch jeden Kollegen spüren."

Das heißt, sie geht ihren eigenen Weg, verteidigt diesen aber gegen kläffende Hunde mit Eigen-PR (siehe Teil IV). Wer Konfliktkompetenz hat, hat diese nämlich auch gegenüber den Kollegen: Wann

immer einer mosert, dass sie nicht fähig sei, auf den Tisch zu hauen, nimmt Laura diesen Konflikt auf und ficht ihn aus. Ihre weniger konfliktkompetenten Kolleginnen schlucken die Anwürfe dagegen hinunter – und heulen sich dann bei ihr aus.

Wie gut ist Ihre Konflikttechnik?

Wenn wir erkennen, dass unsere Interessen genauso wichtig sind wie die aller anderen Lebewesen, trauen wir uns, sie auch im Konflikt vorzubringen. Leider kriegen wir dabei oft eins auf die Nase:

 Viele Frauen, die sich endlich trauen, den Konflikt aufzunehmen, tun das so ungeschickt, dass sie scheitern.

Eine Kollegin von Sandra zum Beispiel sagte einmal zu einem Kollegen: „Verdammt, findest du das etwa lustig, in Gegenwart von Frauen immer solche unverschämten Witze zu erzählen?" Das kommt nicht gut an. Das löst den Konflikt nicht, es verschlimmert ihn. Warum? Wenn Sie jemals ein Konfliktmanagement-Seminar besucht oder ein entsprechendes Buch gelesen haben, wissen Sie es:

 Du-Botschaften provozieren eine Eskalation.

Denn Du-Botschaften sind Vorwürfe, vor allem wenn sie mit Absolutismen wie „immer", „ständig" oder mit Wertungen wie „unverschämt" verbunden sind. Das heißt:

 Wenn Sie Ihre Ängste vor Konflikten abbauen, sollten Sie Ihre Konfliktklärungstechnik im selben Maße aufbauen.

Im Konfliktmanagement-Training (egal ob autodidaktisch per Trial and Error, per Lektüre, Coaching, Training, Teleseminar oder auch E-Learning) lernt man solche Techniken. Frauen sind sich dessen sehr wohl bewusst. Das bestätigen die Seminarbelegungen. Männer belegen eher Seminare zu Fachthemen wie Controlling, Marketing oder Verkaufstechnik. Frauen belegen dagegen Themen der Führungskompetenz wie Kommunikation, Mediation, Moderation oder Prozessbegleitung.

Sie interpretieren das richtig: In diesem Buch werden Sie keinen Kurzabriss finden zu „Wie kläre ich Konflikte richtig?". Weil dieser Kurzabriss allein 200 Seiten benötigen würde. Das ist reine Technik, zu der es gute Seminare gibt. Was uns in diesem Buch weitaus mehr interessiert, ist, die Voraussetzung in Ihrer Einstellung zu schaffen:

> Erst wenn die Einstellung da ist, fällt die Technik auf fruchtbaren Boden.

Oder wie Goethe sagte: Alle Dinge sind bereit, wenn der Geist es ist.

Typisches Konfliktversagen

Es gibt einige typische Situationen, in denen sich Frauen in und kurz vor Führungspositionen selbst sabotieren, indem sie dem Konflikt aus dem Weg gehen. Männer tun das zwar auch, aber sehr viel seltener. Daher ist Konfliktversagen ein typisch weibliches Erfolgshindernis. Betrachten wir typische Situationen dieses Konfliktversagens:

❑   *Ein Mitarbeiter widerspricht einer Ihrer bereits verkündeten Entscheidungen vor versammeltem Team.* Viele Frauen „überhören" das einfach, gehen darüber hinweg, um nicht die große

Keule ziehen, sich unbeliebt machen und den Teamfrieden stören zu müssen. Tun *Sie* das nicht, untergraben Sie nicht Ihre eigene Autorität und ermuntern den Mitarbeiter und alle anderen damit, Ihnen künftig vermehrt zu widersprechen. Männer machen in dieser Situation den Widersprüchler „zur Sau". Erfolgreiche Frauen nehmen den Widerspruch auf, bedanken sich für die Anregung, sagen aber in aller Deutlichkeit, dass und auf welcher Entscheidungsbasis die Entscheidung gefallen ist. Falls der Mitarbeiter ein Interesse mit seinem Widerspruch verbindet, finden Sie heraus, wie man dieses Interesse trotz gefallener Entscheidung noch wahren kann.

❑ *Ein Mitarbeiter brät sich ständig Extrawürste.* Unerfahrene weibliche Führungskräfte lassen das schon mal durchgehen, um keinen „unnötigen Stress zu verbreiten". Damit verbreiten sie, ohne es zu wollen, unnötigen Stress. Denn alle anderen fühlen die Ungerechtigkeit: „Wir dürfen das nicht!" Nichts vergiftet das Arbeitsklima so schnell und so nachhaltig wie vom Chef geduldete Ungerechtigkeiten. Stellen Sie diese sofort und vor allem publikumswirksam ab: Versichern Sie dem Missetäter Ihre vorzüglichste Hochachtung (sonst schaffen Sie sich einen Feind) – aber machen Sie ihm vor allen anderen höflich und deutlich klar, dass dies die letzte Extrawurst war. Das stellt den Burgfrieden wieder her.

❑ *Sie vergessen die Konsequenz oder ignorieren sie.* Warum zum Beispiel sollte der Mitarbeiter mit den Extrawürsten auf diese verzichten? Richtig, er braucht eine Konsequenz. Wir atmen, damit wir nicht ersticken. Wir essen, damit wir nicht verhungern. Der Mitarbeiter unterlässt die Extrawürste, „sonst werde ich sehr ungemütlich – und das will ich keinem von uns beiden zumuten". Unerfahrene Frauen vergessen diese Konsequenz gerne. Warum sollte sich der Mitarbeiter dann an die Anweisung halten, wenn es ohnehin keine Konsequenz für ihn hat? Schlimm ist natürlich, wenn der Mitarbeiter Sie testen will, wieder eine Extrawurst brät und Sie die Konsequenz

nicht ziehen: Dann sind Sie als Führungskraft nicht nur bei ihm unten durch.

Konfliktfähigkeit ist Schlüsselkompetenz

Tatsächlich sind Konflikte nicht die Ausnahme, sondern der Regelfall im Geschäftsleben. Das wissen Topmanager. Neulich sagte ein Vorstandsmitglied eines deutschen Konzerns zu einem allzu fachverliebten Abteilungsleiter: „Ich habe Sie nicht zum Abteilungsleiter gemacht, damit Sie Getriebe konstruieren. Sie sind dazu da, um die allfälligen Konflikte zu klären, damit in Ihrem Laden immer alles rund läuft."

Diese Job-Anforderung steht explizit in immer mehr Anforderungsprofilen für Führungskräfte. Das erklärt auch, weshalb Frauen es weniger nach oben schaffen: Wer nicht die nötige Konfliktreife mitbringt, schafft es nicht – egal, ob Mann oder Frau.

Führungskräfte müssen Konfliktkompetenz besitzen

Wenn Sie also nicht die nötige Konfliktkompetenz aufbringen, erfüllen Sie eine der wichtigsten Anforderungen nicht, die man heutzutage an Führungskräfte stellt. Wenn Sie dagegen konfliktsicher sind, bringen Sie nicht nur diese Schlüsselkompetenz mit, Ihnen wird auch kein Konflikt mehr etwas anhaben können.

Checkliste: Klären Sie Konflikte

❑ Beobachten Sie Ihr Konflikt(vermeidungs)verhalten: In welchen typischen Führungssituationen ducken Sie sich, schlucken Sie oder vermeiden Sie Auseinandersetzungen?

❑ Finden Sie die dahinterstehenden Ängste heraus und setzen Sie sich mit ihnen auseinander (eine Art innere Konfliktklärung).

❑ Konflikte müssen immer so schnell wie möglich auf den Tisch, weil sie sonst wachsen, die Harmonie stören und Ihre Autorität als Führungskraft untergraben.

❑ Das fällt Ihnen umso leichter, je tiefer und schneller Sie zu den Einstellungen gelangen, dass nicht die Konflikte, sondern die Konfliktvermeidung die Harmonie stören und dass Sie nicht Ablehnung, sondern Zustimmung ernten, wenn Sie Konflikte angehen.

❑ Machen Sie sich vor allem klar, dass jede Konfliktvermeidung ein Verrat an Ihren eigenen Interessen ist. Sie sind es sich selbst schuldig, Konflikte zu klären.

❑ Eignen Sie sich die nötigen Konfliktklärungs-Techniken an.

9   Die beziehungsorientierte Führung

Was heißt beziehungsorientiert führen?

Frauen haben ihren eigenen Führungsstil. Sofern sie nicht unkritisch einen männlichen Führungsstil übernommen haben, führen sie eher beziehungsorientiert. Das heißt:

❑ Sie bemühen sich mit aktiven Maßnahmen und in ihrem Verhalten um eine positive Arbeitsatmosphäre (und reden nicht nur darüber).

❑ Sie bauen bewusst eine persönliche Ebene auf, haben den berühmten Draht zum Mitarbeiter.

❑ Sie fühlen sich von den Problemen der Mitarbeiter nicht belästigt, sondern in ihrer Funktion bestärkt, haben ein offenes Ohr für sie.

❑ Sie übertragen Mitarbeitern Verantwortung und binden sie in Entscheidungen ein (sie führen partizipativ).

❑ Sie betrachten Macht nicht wie Männer als Zentrum ihres Denkens, sondern als Zugabe zum Führungsjob.

❑ Sie führen nicht von oben herab, sondern als Erste unter Gleichen. (Männer herrschen gerne – sie verwechseln das mit Führung.)

❑ Sie legen Wert darauf, dass die Mitarbeiter gerne für sie arbeiten. (Welcher Mann tut das?)

❑ Sie möchten nicht, dass Mitarbeiter sie fürchten. (Welcher Vorgesetzte würde bewusst darauf verzichten?)

❏ Sie würden eine Sachfrage nicht auf Kosten einer Beziehung verfolgen. (Männer würden niemals wegen einer Beziehung eine Sachfrage vernachlässigen.)

❏ Sie sind an der Person interessiert, Männer lediglich an der Erfüllung der Sachaufgabe – das Persönliche stört sie eher.

❏ Sie nehmen ihre Mitarbeiter als ganze Menschen wahr, nicht nur als Produktionsfaktoren. (Einem Mann erscheint das als Störung seiner Führungsaufgabe, als „Psychoquatsch".)

❏ Sie lehnen hierarchisches Denken ab. (Männer arbeiten, um aufzusteigen.)

❏ Sie nehmen Meinungen und Anregungen von Mitarbeitern sehr ernst und auf. (Männer stören diese nur, denn ein zu kleines Ego duldet keine Götter neben sich.)

To do	Welche besondere Eigenart des beziehungsorientierten Führungsstils gefällt Ihnen darüber hinaus besonders gut? Notieren Sie, wenn Sie möchten:

_____

_____

_____

Hexenverbrennung

Dieser beziehungsorientierte Führungsstil ist einer der Hauptgründe, weshalb es Frauen beruflich nicht so weit bringen wie vergleichbar fachkompetente Männer. Denn wenn eine Führungskraft

❏ sich aktiv um „Arbeitsatmosphäre" kümmert, hat sie offensichtlich nichts Besseres zu tun;

- ❏ einen Draht zum Mitarbeiter aufbaut, vernachlässigt sie ihre Sachaufgabe;
- ❏ den Problemen ihrer Mitarbeiter zuhört, vertrödelt sie ihre Zeit mit Gequatsche;
- ❏ Entscheidungsbefugnisse delegiert, demontiert sie ihre eigene Autorität;
- ❏ nicht machtorientiert denkt, ist sie morgen weg vom Fenster;

... und so weiter.

To do Welche Vorurteile herrschen in Ihrem Unternehmen über die Beziehungsorientierung? Notieren Sie, wenn Sie möchten:

_____

_____

_____

Sie kennen die männlichen Vorurteile. Das Problem ist nur: Das sind keine Vorurteile, das ist in den meisten Unternehmen immer noch Gesetz. Ungeschriebenes Gesetz der Unternehmenskultur. Wer beziehungsorientiert führt, ist ein Weichei ohne die nötige Härte für das Business. Er oder sie hat weder die nötige Durchsetzungskraft noch den erforderlichen Stallgeruch für einen Aufstieg nach ganz oben. Er oder sie ist eben keiner von uns. Darauf läuft es im Endeffekt hinaus.

Diese Vorurteile sind lächerlich. Tragisch dagegen ist, dass viele Frauen sie ernst nehmen. Deshalb geben sie sich auf, geben die großartige Überlegenheit ihrer beziehungsorientierten Führungskompetenz auf, deshalb verbiegen sie sich, deshalb werden sie hart, werden zu schlechten Kopien von Männern, weil: „Weibliche Stärken sind im Business nicht gefragt." Diese Rückmeldung geben uns Vorgesetzte und Kollegen seit 100 Jahren.

Natürlich bekennt sich inzwischen jeder Chauvinist, jeder Macho zum „weiblichen Führungsstil". Lippenbekenntnisse. Denn wenn man tatsächlich mal einen Kollegen warten lässt, weil ein Mitarbeiter einem noch das Herz ausschüttet, ist man beim versammelten Männermanagement unten durch: „Seht ihr? Wussten wir's doch. Ein Mütterchen. Findet es wichtiger, einem Mitarbeiter die Hand zu halten, als mit mir die Reorganisation zu besprechen."

 Wehe der Frau, die den männlichen Vorurteilen glaubt.

Wer diesen Mist glaubt, beginnt nämlich ganz unbewusst, den Mitarbeiter, der sich ausheulen will, auf „später" zu vertrösten, den männlich-beziehungsindolenten Führungsstil zu kopieren – als ob wir nicht alle aus unseren Beziehungen nur zu gut wüssten, wohin das führen wird, führen muss, mit tödlicher Präzision immer führt: zum Ende der Beziehung.

 Wenn eine Frau ihren beziehungsorientierten Führungsstil praktizieren will, darf sie nicht auf den Beifall der Kollegen warten.

Klingt einleuchtend, nicht? Gewiss, aber einfach ist es deshalb noch lange nicht.

Wollen Sie wie ein Mann führen?

Lassen wir uns diesen Gedanken noch einmal auf der Zunge zergehen: Wir wissen, dass die meisten Männer (zugegebenermaßen eher unbewusst als vorsätzlich) beziehungsfeindlich führen – und trotzdem erwarten wir, dass sie uns lobend auf die Schulter klopfen, wenn wir beziehungsorientiert führen. Sind wir noch zu retten?

Aber das ist wieder typisch Frau: Wir warten ständig darauf, dass die Kerle uns loben, anerkennen, die Erlaubnis geben, existieren zu dürfen. Das ist erniedrigend. Erfolgreiche Frauen verzichten auf diese Demütigung. Sie geben keinem Mann das Recht, über ihre Befindlichkeit zu bestimmen.

 Erkennen Sie den beziehungsorientierten Führungsstil als das, was er ist: Ihr größter Kompetenzvorteil vor jedem Mann und die wichtigste Schlüsselkompetenz jeder Führungskraft überhaupt.

A workable solution Warum das so ist, diskutieren wir im übernächsten Abschnitt. Zuerst betrachten wir Frauen, die ihre Beziehungsintelligenz aufgegeben haben, um vorwärtszukommen, um den Männern nicht länger als Weichei ein Dorn im Auge zu sein: Solche Frauen kommen natürlich voran. Denn Männer befördern gerne Frauen, die wie Männer sind. Wenn diese Frauen an der damit einhergehenden inneren Verarmung nicht zugrunde gehen, ist das auch eine „workable solution", eine funktionierende Lösung.

Leider funktioniert das meist nicht. Männer bekommen wegen der inneren Verarmung ab 40 die typischen psychosomatischen Krankheiten: Ungefähr 80 Prozent der Manager haben eine Gesundheit, die kein Arzt mehr als solche zu bezeichnen wagt. Ganz zu schweigen von ihren privaten Beziehungen. Frauen werden dagegen ganz einfach schizoid, depressiv oder neuerdings ebenso psychosomatisch wie Männer. Wer wie ein Mann führt, kriegt wie ein Mann Magengeschwüre. Das ist nur logisch. Trotzdem gibt es immer wieder Frauen, die es probieren wollen. Das ist okay: Es ist ihr Leben. Und eigene Entscheidungen zu fällen ist wichtiger, als „kluge" Entscheidungen zu treffen.

 Wer so führen will wie ein Mann, leidet daran wie ein Mann.

Die Zahl jener Frauen, die so führen möchten wie Männer, ist jedoch deutlich in der Minderheit. Die meisten Frauen wollen stark werden, nicht hart. Frauen, die sich ihres beziehungsorientierten Führungsstils bewusst geworden sind (ein oft erschütterndes Aha-Erlebnis) und seine Vorteile erkannt haben (s. nachfolgenden Abschnitt), möchten ihn dagegen nicht aufgeben. Sie fragen sich vielmehr: Wie bewahre ich mir meine Beziehungsorientierung, ohne mir meine Zukunft zu verbauen?

Schützen Sie Ihren Stil

Viele Frauen erkennen, dass der beziehungsorientierte Führungsstil zwar ständig vom Topmanagement gefordert, aber im selben Atemzug auch hintenrum bestraft wird. Wie reagieren sie darauf? Darauf gibt es viele Reaktionsmöglichkeiten.

 Lernen Sie, konstruktiv mit der Doppelmoral im Management umzugehen: Einerseits wird beziehungsorientierter Führungsstil offiziell gefordert, andererseits wird er inoffiziell bestraft.

Ende der 1990er Jahre wanderten viele Frauen aus traditionellen Branchen in den IT-Bereich ab, in Unternehmen der New Economy, in Start-ups, oder sie machten sich selbstständig. Diese kleine Völkerwanderung war eine echte Überraschung. Denn bis dato hatten Frauen offensichtlich resigniert akzeptiert, dass ihr Führungsstil keine Anerkennung findet, dass im Geschäftsleben Regeln herrschten, die sie ablehnten. Sobald sich jedoch eine akzeptable Alternative bot, wanderten sie in großen Zahlen ab. Es gibt Unternehmen, zum Beispiel im Anlagenbau und in der Metallverarbeitung, die auf einen Fünfjahreszeitraum eine hundertprozentige Fluktuation von weiblichen Young Potentials erlebten. Oder wie eine Betriebsrätin das ausdrückt: „Nach fünf Jahren merkt jede Managerin, dass bei uns nicht mehr viel geht – und geht."

Das Unternehmen zu wechseln ist eine Möglichkeit. Es gibt andere. Eine davon ist die strategische Schizophrenie. Kerstin sagt: „Ich weiß, dass Beziehungsorientierung oben nicht gut ankommt. Deshalb pflege ich die Beziehungen zu meinen Kunden, Lieferanten und Mitarbeitern, so gut ich kann – nach oben trete ich aber als eisenhartes Businessweib auf, das kleine Kinder frisst. Das wollen die da oben sehen." Sind Männer so einfältig, darauf hereinzufallen? Liebe Leserinnen, Sie kennen die Antwort.

Spaß beiseite: Die Gerontokraten (die alten Männer) in Kerstins Topmanagement sind natürlich nicht so dumm. Aber sie honorieren es, wenn Kerstin den Schein wahrt und sie nicht als Beziehungsidioten bloßstellt. Sie darf beziehungsorientiert erfolgreicher als jeder Mann führen – aber sie darf es nicht sagen!

 Pflegen und schützen Sie Ihren beziehungsorientierten Führungsstil – aber beschämen Sie damit nicht Vorgesetzte, die diesen Stil nicht beherrschen.

Eine dritte Möglichkeit ist die Offensive. Der beziehungsorientierte Führungsstil ist so klar überlegen, dass sich seine Erfolge sogar mit dem betrieblichen Controlling belegen lassen: minimale Fluktuation, minimale Krankheitszeiten, traumhafte Produktivität (s.u.). Claudia zum Beispiel legt diese Zahlen immer dann vor, wenn der Chef ihr krumm kommt, und fragt ihn: „Ich bringe meine Ergebnisse. Besser als jeder Kollege. Was wollen Sie? Meine Ergebnisse – oder dass ich so führe wie meine Kollegen?" Das sitzt. Dann ist wieder für ein halbes Jahr Ruhe. Danach muss Claudia sich erneut verteidigen. Denn manche Männer wollen es einfach nicht wahrhaben, dass ihr eigener Führungsstil nichts taugt.

 Wenn Sie es sich zutrauen, können Sie Ihren Führungsstil auch aktiv verteidigen, indem Sie ihn mit unstrittigen Arbeitsergebnissen belegen.

Welche Möglichkeiten sehen Sie, um Ihrem Stil treu zu bleiben? Welche sind aufgrund der Machtkonstellationen in Ihrem Unternehmen angeraten? Welche trauen Sie sich zu? Welche haben Kolleginnen schon erfolgreich eingesetzt? Machen Sie sich diese Möglichkeiten bewusst, listen Sie sie geistig oder schriftlich auf und setzen Sie sie bewusst ein, um das zu schützen, was Ihnen wichtig ist und was Sie voranbringt. Natürlich ist das mit Aufwand verbunden. Einem Aufwand, den mittelmäßige Kollegen nicht betreiben müssen. Mittelmäßige Manager müssen ihren Stil nicht schützen. Sie laufen im Rudel mit. Aber das wollen erfolgreiche Frauen nicht. Sie wissen, wofür sie es tun. Fürs Rudellaufen sicher nicht. Es wäre zwar schöner, wenn auch das Rudel richtig führen könnte. Aber das ist erfolgreichen Frauen nicht so wichtig, wie die eigenen Ziele zu erreichen.

Mittelmäßige Manager laufen im Rudel mit

Die Vorzüge des Beziehungsstils

Die Vorteile eines beziehungsorientierten Führungsstils sind so umfangreich, dass man damit 20 Seiten füllen könnte. Beschränken wir uns auf die herausragenden Vorzüge. Unternehmen, Bereiche, Abteilungen und Arbeitsgruppen, in denen (weibliche) Führungskräfte beziehungsorientiert führen, schneiden im Vergleich zu herkömmlich geführten Unternehmen besser ab:

❑   Der Unternehmensgewinn und die Rendite sind höher.
❑   Die Lebensdauer des Unternehmens ist höher.
❑   Die Anzahl der Unternehmenskrisen ist verschwindend gering.
❑   Motivation, Engagement und unternehmerisches Denken der Mitarbeiter sind größer.
❑   Commitment und Identifikation der Führungskräfte sind höher.
❑   Krankenstand, Fehlzeiten und Fluktuation tendieren gen null.
❑   Die Produktivität ist höher.
❑   Die Mitarbeiter- und Kundenzufriedenheit ist höher.

❑   Das Arbeitsklima ist besser.

Wie gesagt, diese Tatsachen messen in modern geführten Firmen Instrumente aus dem Controlling und der Personalentwicklung, zum Beispiel das 360-Grad-Feedback, die periodische Mitarbeiterbefragung oder das standardisierte Mitarbeitergespräch.

 Engagieren Sie sich für Controlling- und Personalinstrumente, welche die Stärken Ihres Führungsstils belegen. Nutzen Sie die Beweiskraft der bereits vorhandenen Instrumente. Denn wer Gutes tut, soll es auch belegen (können).

Besonders auffallend sind die Unterschiede bei der Mitarbeitermotivation. Männer „motivieren" typischerweise mit Einpeitsch-Sprüchen, Prämien, Anreizen und Wettbewerben. Beziehungsorientiert führende Frauen haben diese Motivationskrücken nicht nötig. Sie erzielen ein weitaus höheres Motivationsniveau nicht durch Tricks, sondern durch ihr Verhalten: Sie betrachten Mitarbeiter nicht als Arbeiter, sondern als Menschen. Dies belohnen Menschen stets mit der höchstmöglichen Motivation. Oder wie der Dichter sagt: Hier bin ich Mensch, hier darf ich's sein.

 Stärker als jeder materielle Anreiz motiviert eine funktionierende Beziehung.

Nur jene, die nicht beziehungsorientiert führen (können), brauchen Ersatzmotivatoren wie Prämien, Anreize oder Wettbewerbe. Weil der beziehungsorientierte Stil der eindeutig bessere ist, hat er sich in einem betrieblichen Bereich durchgesetzt, in dem es wie in keinem zweiten allein auf den Erfolg ankommt: in Vertrieb und Verkauf. Wenn Sie sich die Buch- und Seminartitel der letzten Jahre anschauen, werden Sie bemerken, dass der beziehungsorientierte Verkaufsstil absolut „in" ist. Jeder Verkäufer weiß: Die Produkte

sind inzwischen völlig austauschbar. Nur noch die Beziehung „verkauft". Leider hat sich das noch nicht bis in alle Unternehmensleitungen herumgesprochen.

Checkliste: Führen Sie weiblich

- ❏ Machen Sie sich Ihren beziehungsorientierten Führungsstil bewusst, damit Sie ihn bewusst einsetzen können.

- ❏ Machen Sie sich dessen Vorteile bewusst und dokumentieren Sie diese in Ihrem Führungsbereich, um damit argumentieren zu können.

- ❏ Entwickeln Sie Strategien, um Ihren Führungsstil gegen eine beziehungsfeindliche Unternehmenskultur zu verteidigen.

- ❏ Beobachten Sie aufmerksam Veränderungen an sich, die eine Vermännlichung Ihres Stils ankündigen.

- ❏ Arbeiten Sie an Ihrem beziehungsorientierten Stil.

10   Kritische Führungselemente

Quantitatives Management

Frauen führen tendenziell qualitativ, Männer eher quantitativ. „Ich habe die Produktivität in meiner Arbeitsgruppe um 17 Prozent hochgeschraubt!" Das würde keine Frau (die ihrem eigenen Stil treu ist) sagen. Frauen sagen eher: „Die Prozesse laufen jetzt deutlich harmonischer ab, die Schnittstellen greifen reibungslos ineinander."

Männer führen und denken eher in Zahlen, Frauen häufiger in Prozessen. Auf den ersten Blick erscheint das wie ein Nachteil: Wer im Geschäft Erfolg haben will, muss seine Zahlen kennen. Das stimmt so nicht.

 Männer managen in Zahlen. Frauen erreichen die besseren Zahlen.

Das belegen die höhere Produktivität und die geringere Fluktuation (s.o.) aufgrund des weiblichen Führungsstils. Frauen führen nicht mit Zahlen, sondern mit Identifikation und Motivation – deshalb erreichen sie die besseren Zahlen. Denn Zahlen orientieren nur, Identifikation aber motiviert. Leider ist das den meisten Männern egal. Die Managementsprache ist nun einmal Algebra, also muss frau sie auch sprechen können. Sprechen – nicht damit führen!

 Beherrschen Sie Ihre Zahlen – aber führen Sie nicht damit.

Ein einfaches Beispiel dazu. Hans und Zita sind beide Projektleiter. Hans sagt zu seinem Team: „Unser Arbeitspaketdurchsatz muss am kritischen Pfad um 12,5 Prozent hoch!" Zita sagt: „Lasst uns überlegen, wie wir die Kollegen mit den kritischen Arbeitspaketen so unterstützen können, dass sie leichter und besser damit fertig werden." Was motiviert wohl besser?

Viele Frauen bis hinauf ins Mittelmanagement haben mit Scorecards, Controlling, Kennzahlen und Budgets ihre Probleme. Männer auch. Die meisten Geschäftsführer beherrschen zum Beispiel noch nicht einmal die Abweichungsanalyse bei der Investitionsrechnung, die nun wirklich jeder Berufsschüler kennt. Doch Männer mogeln sich durch. Frauen merkt man es leichter an, dass sie nicht zahlenfest sind: Beseitigen Sie diese Qualifikationslücke – entweder durch Lektüre oder durch Seminarbesuch –, damit Sie mitreden können. Es gibt inzwischen zwar wenige, aber gute Seminare ausschließlich für weibliche Führungskräfte zum Thema „Quantitatives Management".

Emotionen

Frauen unterscheiden sich in ihrem Gefühlsverhalten von Männern. Sie zeigen Gefühle offener und stehen auch zu ihren Gefühlen. Männer rationalisieren und verdrängen Emotionen. Darunter leiden viele Frauen gerade in Führungspositionen, wo die Luft dünn und das Leben einsam wird: „Meine Kollegen", klagt eine Managerin eines sächsischen Lebensmittel-Herstellers, „geben ihre Gefühle morgens an der Pforte ab. Die kann nichts Menschliches mehr rühren."

Die höhere Emotionalität weiblicher Führungskräfte ist auch dafür verantwortlich, dass sie besser motivieren können. Oder wie eine Forscherin einmal sagte: „Männer wollen motiviert werden.

Männer wollen motiviert werden, Frauen können motivieren

Frauen können motivieren." Leider macht es einsam, als letztes
Einhorn unter Vandalen zu leben, als Einzige Gefühle zu haben,
während die Kollegen innerlich tot sind. Wie geht man damit um?
Flucht? Das ist eine Möglichkeit. Sich die Gefühle aufsparen und in
der Freizeit ausleben? Das ist eine andere Möglichkeit.

Besonders erfolgreiche Frauen setzen noch eine dritte ein: Anste-
ckung.

 Christel, 54 Jahre, Leiterin eines strategischen Ge-
schäftsfelds in einem IT-Unternehmen, sagt: „Ich stehe
zu meinen Gefühlen. Ich kann mich nicht wie meine
Kollegen verleugnen – weil ich sehe, wie wenig das
denen gut tut. Ich verurteile sie nicht. Aber ich überfor-
dere sie auch nicht. Ich zeige meine Gefühle in einer
Bandbreite, die sie vertragen können. Die Bandbreite
wird immer weiter, weil Emotionen ansteckend sind. Die
intelligenten unter meinen Kollegen trauen sich inzwischen, zu ihren Gefühlen zu stehen."

 Verleugnen Sie Ihre Emotionen nicht. Stehen Sie zu
ihnen. Aber überfordern Sie Ihre Umwelt nicht. Erziehen
Sie sie sanft durch Ihr Vorbild.

Aggressionen sind ein besonders heikler Punkt des emotionalen
Spektrums. Männer zeigen ihre Aggression offen und zielgerichtet:
„Dieses dumme A… Warte nur, dem leuchte ich auch noch heim!"
Der Umgangston unter Managern ist von einer Härte, gegen die
eine Kneipenschlägerei wie ein Kindergartenausflug anmutet.
Frauen kommen mit dieser gewohnheitsmäßigen Aggression im
Management überhaupt nicht zurecht.

 Lernen Sie, mit männlicher Aggression umzugehen.

Das gelingt am besten, wenn Sie die Hintergründe der Aggression kennen, anerkennen und in der jeweiligen Situation erkennen können: das verletzte Ego, das kleine Selbstwertgefühl, die Regression in kindliche Verhaltensmuster (das trotzige Kind), die offensichtliche Unreife der Verarbeitung kognitiver Dissonanzen (verwirrender Eindrücke), die unfreiwillige Komik dabei, die dahinter versteckte tiefe Hilflosigkeit, die überwältigenden Minderwertigkeitsgefühle ... Wer einmal erkannt hat, dass aggressive Männer nicht Angreifer, sondern arme Schweine sind, wird eher mit diesem unzivilisierten Phänomen fertig.

Frauen zeigen ihre Aggressionen nicht oder nur verdeckt. Evelyn, promovierte Germanistin und Lektorin, meint: „Wenn ich wirklich sauer bin, werde ich immer ganz betont ruhig und überhöflich." Wer sie kennt, weiß die Zeichen zu deuten und zieht sich zurück. Wer sie nicht kennt, muss die Signale missverstehen. Evelyn hat dann zwar eine Stinkwut, doch was nützt ihr das, wenn sie diese nicht angemessen zeigen kann? Manchmal muss man dem Gegenüber einfach zeigen, dass man eine Stinkwut hat – das hilft beiden:

Lassen Sie Ihre Stinkwut raus!

 Tipp Lernen Sie, Ihre eigene Aggression angemessen zu zeigen.

Das ist eine Lebensaufgabe! Frauen halten Aggression oft für etwas ganz Schlimmes. Dass sie ein Gefühl wie jedes andere auch und damit gesund und ihre Unterdrückung äußerst ungesund ist, ist ein Prozess der Einsicht, der sich meist über Jahre erstreckt. Beginnen Sie ihn heute. Erkennen Sie, dass Aggression nicht unbedingt Angriff bedeutet: Mit den berühmten Ich-Botschaften zum Beispiel lässt sich Aggression angemessen vermitteln – ohne dass Porzellan zerschlagen wird.

Aggression ist nicht gleich Angriff

Konkurrenzdenken

Männer sehen überall Konkurrenten

Die meisten Männer messen sich (ganz unbewusst) ständig mit irgendwem, irgendetwas. Sie sprechen davon, die „Konkurrenz in Grund und Boden zu stampfen", „die verdammten Japaner das Fürchten zu lehren", aber auch „diesen total verblödeten Marketing-Heinis zu zeigen, dass wir auch ganz gut ohne ihre unbrauchbaren Konzepte auskommen". Männer sehen in allem und jedem Konkurrenten, selbst im eigenen Unternehmen. Sie betrachten Kollegen und sogar Mitarbeiter als Konkurrenten. Paranoid? Nein, typisch Mann.

Frauen kommen mit dieser sozial geförderten Berufsparanoia nicht zurecht. Doch anstatt sich zu ihrer geistigen Gesundheit zu gratulieren, nehmen sie die Vorwürfe ihrer Umwelt für bare Münze: „Was haben Sie gegen gesunde Konkurrenz?" Seit wann ist Konkurrenz gesund? Und für wen? Warum verschreibt dann der Arzt nicht 200 ml Konkurrenz, wenn es einem schlecht geht?

 Tipp Bekunden Sie laut Ihre absolute Konkurrenzbereitschaft – aber boykottieren Sie das Rattenrennen, wo es nur geht.

Sie kennen das, das ist (s.o.) wieder die strategische Schizophrenie erfolgreichen Managements: Tu nicht, was du sagst. Sie können das kranke Konkurrenzdenken auch offen angehen. Die Wahl Ihrer Reaktion bleibt Ihnen überlassen. Aber wählen Sie! Das Konkurrenzdenken kritiklos zu übernehmen, obwohl es Ihnen im Grunde zuwider ist, ist keine Reaktion, sondern Resignation. Und mit Resignation holen Sie sich nicht, was Ihnen zusteht.

Harmonischer Zusammenbruch

Wer die anhaltende literarische Glorifizierung des beziehungs-orientierten Führungsstils beobachtet, kann den Eindruck gewinnen, dass er Gottes Geschenk an die Menschheit sei. Dem ist nicht so. Jede Medaille hat eine Kehrseite. Betrachten Sie nur einmal den sprichwörtlichen Kaffeeklatsch: maximale Beziehungsorientierung, maximale Harmonie, null Ergebnis.

Wenn alles klar ist in Ihrem Führungsbereich, ist der beziehungs-orientierte Führungsstil optimal: Die Mitarbeiter arbeiten und der Führungsstil motiviert sie dabei. Doch sobald Konflikte auftreten – und diese kann (ein verbreiteter Irrtum) der beziehungsorientierte Führungsstil nicht verhindern –, kann es dazu kommen, dass die Beziehungsarbeit die eigentliche Arbeit verdrängt. Man heult sich nur noch aus, statt zu arbeiten, und klaut der Vorgesetzten nur noch die Zeit – weil man eben so viel zu klagen hat.

 Der beziehungsorientierte Führungsstil birgt die Gefahr, dass Sie ausgenutzt und/oder ineffektiv werden.

Das heißt nicht, dass Sie den beziehungsorientierten Stil aufgeben sollen. Das heißt vielmehr, dass Sie der Gefahr begegnen sollen. Indem Sie sich zum Beispiel eine herausragende Konfliktmanagement-Kompetenz, Coaching- oder Mediationskompetenz aneignen. Oder indem Sie die Kunst der Abgrenzung erlernen. Wenn der Mitarbeiter nur noch jammern will, dann muss man klar, aber konziliant eine Grenze ziehen können: „Bis hierher und nicht weiter." Das fällt den meisten Frauen nicht leicht. Aber das kann man sich selbst beibringen. Mit den Kindern oder Beziehungspartnern klappt es ja auch ganz gut.

Bis hierher und nicht weiter!

Generalisierungsvorbehalt

Wenn Sie erfolgreiche Frauen beobachten, werden Sie feststellen, dass der oben beschriebene typisch weibliche Führungsstil am deutlichsten und stärksten bei Unternehmerinnen zutage tritt.

Ein Umkehrschluss dieser Beobachtung ist weniger erfreulich: Weibliche Führungskräfte leben noch nicht das volle Potenzial ihrer Führungsvorteile aus. Sie könnten sehr viel erfolgreicher sein, sich viel stärker selbst verwirklichen, wenn sie sich nicht vom tumben männlichen Führungsstil anstecken lassen würden.

Also trifft genau das Gegenteil davon zu, was gerne behauptet wird: Frauen bringen es nicht so weit wie Männer, nicht weil sie nicht so gut sind wie Männer, sondern weil sie zu sehr versuchen, wie Männer zu sein.

Checkliste: Stolperfallen der Führung

❑ Beherrschen Sie die Zahlen aus Ihrem Bereich und über Ihren Führungsbereich hinaus – aber führen Sie nicht damit! Identifikation motiviert besser als Zahlen. Identifikation liefert die besseren Zahlen.

❑ Verzichten Sie nicht auf Ihren inneren emotionalen Reichtum, nur weil die großen Jungs im Management ihre Gefühle verdrängen. Verdrängung ist neurotisch.

❑ Suchen und finden Sie für sich passende Strategien, um erfolgreich zu sein und sich trotzdem Ihre Emotionen zu bewahren.

❑ Stehen Sie zu Ihren Emotionen, aber überfordern Sie Ihre Umwelt nicht damit.

❑ Lernen Sie, mit männlicher Aggression umzugehen.

❑ Lernen Sie, auch die eigene Aggression herauszulassen, wenn es für alle Beteiligten besser ist.

❑ Wählen Sie eine Ihnen gemäße Strategie gegenüber ungesundem Konkurrenzdenken.

❑ Führen Sie beziehungsorientiert, aber lassen Sie sich nicht ausnutzen.

❑ Steigern Sie Ihre Beziehungskompetenz durch eine Weiterbildung in den Bereichen Konfliktmanagement, Mediation, Coaching, Neurolinguistisches Programmieren (NLP), Transaktionsanalyse, Gewaltfreie Kommunikation, Themenzentrierte Interaktion (TZI) oder Dialog-Methode.

11   Sechs Führungsvorteile für Frauen

Entscheiden Sie teamorientiert

Neben der herausragenden Beziehungsorientierung gibt es einige andere Elemente des weiblichen Führungsstils, die Sie an sich entdecken, gegen männliche und kulturelle Angriffe immunisieren und weiter ausbauen sollten.

Der feine Unterschied von Zielvorgabe und Zielvereinbarung

Eines dieser Elemente ist das teamorientierte Entscheidungsverhalten. Männer fällen (einsame) Entscheidungen, geben Ziele vor und setzen ihre Entscheidungen durch. Frauen beziehen ihre Mitarbeiter in die Entscheidungsfindung ein, werben für ihre Vorhaben, bis diese Akzeptanz finden, und vereinbaren Ziele. Den meisten Männern ist der Unterschied zwischen Zielvorgabe und Zielvereinbarung noch nicht einmal bewusst. Wenn man sich mit Managern unterhält, ist das häufig unfreiwillig komisch: Sie verwechseln die beiden Begriffe ständig.

Bemerkenswert ist nun nicht, dass Frauen die besseren Entscheidungen treffen (besser, weil mit höherer Akzeptanz und daher Erfolgswahrscheinlichkeit verbunden). Bemerkenswert ist vielmehr, dass sie diese Fähigkeit umso schneller vergessen, je stärker sie sich von einer männlichen Managementkultur in ihrem Unternehmen indoktrinieren lassen. Deshalb:

Checkliste: Entscheiden Sie richtig

❏ Werben Sie so früh wie möglich für Ihre Ziele. Das erhöht die Akzeptanz und Ihre Erfolgsaussichten bei der Umsetzung. Es verhindert außerdem innere Kündigung und Widerstandsverhalten bei Ihren Mitarbeitern.

❏ Nehmen Sie die Anregungen und Befürchtungen Ihrer Mitarbeiter ernst und auf – nachweisbar. Nur Männer mogeln (und schmieren sich damit selbst an, denn die Mitarbeiter sind nicht dumm, riechen den Braten und rächen sich – mit Dienst nach Vorschrift).

❏ Vereinbaren, das heißt verhandeln Sie Ziele, anstatt sie vorzugeben.

Führen Sie transformational

Männer führen in der Regel transaktional. Das heißt, sie betrachten Führung als Transaktion: „Gibst du mir deine Arbeitskraft, gebe ich dir ein Gehalt." Klingt vernünftig, nicht? Frauen führen dagegen eher transformational. Das heißt, sie überzeugen ihre Mitarbeiter davon, dass es sich für sie lohnt, ihre Einzelinteressen in ein Gruppeninteresse zu transformieren, weil dadurch alle und damit wiederum auch ihre Einzelinteressen profitieren.

Es liegt auf der Hand, was besser motiviert und die besseren Ergebnisse bringt. Dies illustriert auch eine der häufig zitierten Geschichten zur Motivation: Ein Mann geht über eine Baustelle und fragt einen Arbeiter „Was tust du?" Dieser antwortet: „Steine behauen." Diese Antwort befriedigt den Fragenden nicht. Deshalb fragt er einen zweiten. Dieser sagt: „Ich baue eine Kathedrale!" Der erste Arbeiter war transaktional motiviert, der zweite transformational.

Es ist ein Unterschied, ob man Steine behaut oder eine Kathedrale baut

Checkliste: The Transformational Leader

❑   Wenn Sie Mitarbeiter wie Esel behandeln, verhalten sie sich wie solche: Halten Sie ihnen keine Mohrrüben hin. Belohnen und bestrafen Sie nicht.

❑   Zeigen Sie ihnen vielmehr, wie das Gruppeninteresse ihrem eigenen Interesse dient. Die Erfüllung des Eigeninteresses motiviert hundertmal besser als jede Prämie, jeder Anreiz.

❑   Setzen Sie für diese Interessentransformation persönliche Überzeugungsarbeit ein.

Bleiben Sie integer

Manager führen innerlich zerrissen. Das merken wir alle täglich. Einerseits fordern sie „erhöhte Kostendisziplin" von den Mitarbeitern, andererseits genehmigen sie sich in demselben Atemzug einen neuen Firmenjet. Einerseits tun sie alles für ihre Karriere, andererseits macht sie das offensichtlich nicht glücklich (nur grimmig). Manager bezahlen diese innere Zerrissenheit mit ihrer körperlichen und geistigen Gesundheit und ihren privaten Beziehungen.

Auch Frauen, die diese innere Spaltung zulassen, bezahlen diesen Preis für die Karriere. Erfolgreiche Frauen bezahlen diesen Preis nicht. Was an ihnen jedem unbedarften Beobachter schon nach wenigen Minuten mit der Wucht eines Naturereignisses ins Auge springt, ist ihre unglaubliche Integrität.

   Erfolgreiche Frauen sind absolut authentisch.

Da ist nichts gespielt, nichts zerrissen. Sie spielen nicht den Manager wie Männer. Sie identifizieren sich voll und ganz mit ihrer Arbeit und Aufgabe. Auch das ist es, was ihre Mitarbeiter motiviert: Wenn sie sehen, dass die Vorgesetzte voll dabei ist, sind sie auch voll dabei. Identifikation ist ansteckend.

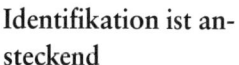
Identifikation ist ansteckend

Authentizität bedeutet vor allem: Erfolgreiche Frauen verbiegen sich nicht. Sie ordnen sich keiner Unternehmenskultur unter, die sie nicht voll und ganz gutheißen können. Männer machen das ständig – um der lieben Karriere willen. Das verursacht ihre innere Zerrissenheit.

> Erika, 24 Jahre, Group Managerin bei einer Marktforschungseinheit eines Konsumgüter-Herstellers, sagt: „Ich lege mich nicht mit dem Topmanagement an. Aber ich befolge auch nicht jene Vorgaben, die meiner Ansicht nach dem Unternehmen schaden. Für mich kommt an erster Stelle immer noch der Kunde. Wenn die da oben damit ein Problem haben, dann sollen sie es sagen."

Bislang hat das noch keiner getan. Zwar murrt Erikas direkter Vorgesetzter gelegentlich etwas, doch das höhere Management hält schützend seine Hand über sie: „Die hat was im Kopf. Die steht ihren Mann. Solche Leute brauchen wir!" Integrität wird belohnt, solange sie die Hierarchie nicht offen bedroht – und so dumm ist nun wirklich keine erfolgreiche Frau.

> **!** Persönliche Integrität begegnet kurzfristig größeren Widerständen als blinde Anpassung. Dafür zahlt sie sich langfristig hundertfach höher aus.

Bewahren Sie sich Ihre Integrität. Erforschen Sie Ihre Interessen und Werte. Stehen Sie dazu. Finden Sie Wege, integer zu bleiben und trotzdem keine unnötigen, kräftezehrenden und unprodukti-

ven Streitereien zu führen. Dabei hilft Ihnen eine alte Weisheit eines indianischen Häuptlings:

 „Niemals kämpfe ich. Niemals gebe ich auf."

Auf dieser Einstellung fußen zwei jahrtausendealte geistige Meta-Haltungen: Zen und Buddhismus.

Kommunizieren Sie

Erfolgreiche Frauen kommunizieren sehr viel mehr und effektiver als ihre männlichen Kollegen. Leider verlieren sie diesen Vorteil oft, wenn sie aufsteigen: Sie verlieren den Draht zu den Menschen. Ihnen passiert, was Tucholsky einmal so formulierte: „Mach einen Gefreiten am Abend zum Unteroffizier und er kennt am Morgen seine alten Kumpels nicht mehr." Vermeiden Sie das. Bewahren Sie sich Ihre erfolgreichen Kommunikationsgewohnheiten – oder eignen Sie sich diese (wieder) an. Um nur einige zu nennen: Erfolgreiche Frauen …

❑   … können besser zuhören als Männer. Sie hören zu, bevor sie voreilig ihren Senf dazugeben, der möglicherweise gar nicht passt.

❑   … können besser fragen. Männer geben gleich (die falschen) Ratschläge, weil sie vergessen, die richtigen Bedarfsfragen zu stellen.

❑   … führen regelmäßig Abteilungsbesprechungen durch, machen Management by walking around, haben ein offenes Ohr und eine offene Tür, führen Mitarbeitergespräche bei Bedarf

(Männer führen sie, weil und wann es ihr Arbeitsvertrag vorschreibt) ...

To do Welche kommunikativen Stärken haben Sie? Welche möchten Sie stärken? Notieren Sie, wenn Sie möchten:

_____

_____

_____

Respektieren Sie Ihre Mitarbeiter

Männer behaupten, dass Mitarbeiter „das wertvollste Kapital des Unternehmens" seien und dass sie ihre Mitarbeiter respektierten. Frauen tun es.
Auch deshalb können Männer nicht motivieren. Was nutzt mir ein Bonus, wenn mein Vorgesetzter ständig meine Anregungen aussitzt? Da ist die Motivationswirkung des Bonus schnell aufgebraucht. Erfolgreiche Frauen respektieren ihre Mitarbeiter nicht nur in Worten, sondern in Taten, sie

❑ versuchen nach Kräften, die Urlaubswünsche zu garantieren;
❑ erfüllen deren Weiterbildungswünsche;
❑ nehmen Anregungen ernst und auf;
❑ reden nicht hintenherum schlecht über Mitarbeiter;
❑ regieren nicht in deren Entscheidungsbefugnisse hinein;
❑ zeigen dem Mitarbeiter auch dann ihre Wertschätzung, wenn sie ihn kritisieren oder Nein sagen müssen.

Erkennen Sie an

Nicht getadelt ist gelobt genug?

Männer erkennen nach dem Motto an: Nicht getadelt ist gelobt genug. Das ist einer der wirksamsten Motivationskiller überhaupt. Deshalb müssen Männer so viele Gratifikationen ausloben: Wer so schlecht führt, braucht jede Menge Geld, um sich loszukaufen.

Frauen zollen Anerkennung, wenn und wem Anerkennung gebührt.

 Elfriede, Mitglied im Lenkungsausschuss eines Anlagenbauers, sagt: „Wenn ein Projektleiter seinen Projektabschluss präsentiert, bin ich unter fünf Kollegen aus dem Management oft die Einzige, die sagt: Toll gemacht, gute Ergebnisse erzielt, sprechen Sie Ihren Teammitgliedern unseren wärmsten Dank aus!"

 Erkennen Sie konkrete Leistungen so zeitnah wie möglich an.

Denn was belohnt wird, wird gemacht.

Checkliste: Stärken Sie Stärken

Bewahren Sie sich neben der Beziehungsorientierung auch die vielen anderen Vorteile des weiblichen Führungsstils:

- ❑ Entscheiden Sie teamorientiert statt einsam.

- ❑ Überzeugen Sie Ihre Mitarbeiter immer wieder, dass es sich für sie lohnt, sich für das Ganze einzusetzen.

- ❑ Denken Sie an Shakespeare: Above all – to thy own self be true! Bleiben Sie integer. Integrität ist nicht alles. Aber ohne Integrität ist alles nichts. Integer ist wie schwanger: Frau kann es nicht ein bisschen sein. Entweder ganz oder gar nicht. Auch wenn es Aufwand bedeutet: Es lohnt sich!

- ❑ Kommunizieren Sie, bewahren Sie sich den Draht zum Mitarbeiter, das offene Ohr, die offene Tür, das Walking around, die Teambesprechungen ...

- ❑ Respektieren Sie Ihre Mitarbeiter und ihre Wünsche. Sie müssen diese nicht immer erfüllen – aber Sie müssen immer die Person und ihren Wunsch respektieren und das durch Ihr Verhalten, nicht so sehr durch Ihre Worte, zeigen.

- ❑ Geben Sie Anerkennung, wem Anerkennung gebührt: zeitnah, spezifisch, ohne Wenn und Aber, ehrlich. Sagen Sie klipp und klar, was Ihnen gefallen hat.

Erfolgsfaktor IV:

Gesundes Durchsetzungs- vermögen

12 Überwinden Sie Karrierebarrieren

Frauen sind einfach besser

Wenn ein Mann und eine Frau mit denselben Qualifikationen sich um eine Position bewerben – wer bekommt den Posten? Eine rhetorische Frage. Das ist ja gerade das Übel, weshalb wir hier beisammen sind: Frauen sind oft besser qualifiziert als ihre männlichen Mitbewerber, doch der Mann bekommt den Job, den Posten, das bessere Projekt.

Frauen sind nicht nur im Beruf oft kompetenter als Männer. Das beginnt schon viel früher: Im Schnitt haben sie die besseren Schul- und Hochschulabschlüsse. Frauen sind nicht nur kompetenter. Wie wir in Teil III des Buches gesehen haben, leiten sie, wenn sie sich tatsächlich beziehungsorientiert verhalten, ihre Führungsbereiche auch erfolgreicher als Männer: Frauen führen besser.

Frauen sind kompetenter und führen besser – und trotzdem bringen sie es im Berufsleben und in der Gesellschaft nicht so weit wie ihre weniger fach- und führungskompetenten Kollegen. Woran liegt das? An einem einfachen Zusammenhang:

 Tipp Es setzt sich nicht durch, wer besser ist, sondern wer sich besser durchsetzt.

Männer sind zwar häufig schlechter für eine Aufgabe geeignet als ihre weiblichen Mitbewerber – doch sie setzen sich besser durch. Weil sie rücksichtsloser sind? Dieses Bild dominiert zwar die öffentliche Diskussion. Leider ist es so undifferenziert, dass sich für

eine Frau daraus keine brauchbaren Handlungsanleitungen ergeben. Dieses Versäumnis beheben wir jetzt.

Wer keine Karriere braucht, macht auch keine

Wenn in der Öffentlichkeit über die „berufliche Benachteiligung der Frau" diskutiert wird, läuft die Diskussion meist in die falsche Richtung: Für einen Großteil der Frauen ist es eben keine Benachteiligung, sondern eine frei gewählte Entscheidung. Nirgends wird das so deutlich wie in Mitarbeitergesprächen. Mit vielen Frauen laufen diese ungefähr so ab:

 „Sie müssen einfach präsenter sein, mehr wirbeln – Sie wollen doch sicher in einigen Jahren Abteilungsleiterin sein!"
„Nein, das will ich nicht. Ich will in erster Linie meine Arbeit gut machen. Ob ich dabei Abteilungsleiterin werde oder nicht, ist für mich nicht das Wichtigste."

Diese „Karriereverweigerung" war in den 1980er und 1990er Jahren so verbreitet (in den Zeiten davor schämten sich Frauen oft, offen ihre Wünsche zu äußern), dass sie die (männlichen) Vorgesetzten in die kollektive Verzweiflung trieb: „Wenn die nicht aufsteigen wollen, womit zum Donnerwetter sollen wir die denn dann motivieren?" Männliche Mitarbeiter „bissen" zu 99 Prozent am Köder „Aufstieg" an. Inzwischen wissen wir aus vielen psychosoziologischen Untersuchungen, dass Frauen aufgaben-, nicht aufstiegsorientiert denken:

 Viele Frauen möchten einfach ihre Arbeit gut machen. Männer möchten dagegen überwiegend aufsteigen.

Das ist der blinde Fleck der öffentlichen Diskussion: Viele Schreihälse, die lautstark die Benachteiligung der Frau beklagen, haben niemals auch nur im Entferntesten in Betracht gezogen, dass Frauen mit der selbst auferlegten Selbstbeschränkung *glücklich* sein könnten. Obwohl das auf der Hand liegt:

1. Sie sagen es explizit im Mitarbeitergespräch.
2. Sie verhalten sich danach.
3. Sie sind zufrieden und oft glücklich damit.
4. Sie haben einfach andere Prioritäten im Leben.
5. Sie wollen es vor allem im Leben, nicht so sehr und unbedingt im Beruf, zu etwas bringen.
6. Sie wollen mehr vom Leben als vom Beruf haben.
7. Sie verhalten sich authentisch. Männer dagegen wollen oft den Aufstieg um jeden Preis – um den Preis des eigenen Glücks und der eigenen Zufriedenheit.

Wenn also eine Frau lieber ihre Arbeit gut anstatt Karriere machen möchte – warum nicht? Wenn es sie wirklich, wirklich glücklich macht, dann kann ich nur sagen: Mädchen, zieh dein Ding durch und pfeif auf die Leute, für die Glück erst bei Besoldungsstufe x beginnt.

Was einer Frau gut tut, weiß eine Frau immer noch am besten selbst

Wenn Sie dagegen zwar Ihre Arbeit recht gerne machen, dabei aber immer ein latentes Gefühl der Unzufriedenheit mit sich herumtragen, sollten Sie einmal in Ruhe und zusammen mit einer guten Freundin sich mit ihren geheimen Aufstiegswünschen auseinandersetzen.

Wer auf Rosinen steht, bleibt stehen

Es gibt eine zweite Gruppe von Frauen, an denen die öffentliche Diskussion vorbeiläuft. Auch diese halten mit ihrer Meinung nicht hinterm Berg, wenn es um den Aufstieg geht:

 „Thea, Projekt 25 sucht noch einen Projektleiter. Wie wär's mit dir?"
„Naja, würde ich eigentlich schon gerne machen – aber die vielen Überstunden!"

Es gibt Frauen, die schlagen eine Aufstiegschance nach der anderen aus. Gewiss, sie *wollen* aufsteigen, aber die Überstunden! Und wenn es nicht die Überstunden sind, dann sind es die viele Reiserei, der Auslandsaufenthalt, die bockigen Mitarbeiter, das nicht ganz passende Fachgebiet ...

Wer nicht aufsteigen will, findet immer ein Haar in der Suppe

Das Problem daran ist: Diese Frauen sind latent unzufrieden mit sich. Diese Unzufriedenheit projizieren sie auf ihre Umwelt: auf das böse Management, das die Aufstiegschance mit so vielen Überstunden belastet, auf die gemeinen Kunden, die so viel Reisetätigkeit verlangen ... Diese Unzufriedenheit verschwindet oft in Sekundenschnelle, sobald frau bemerkt: Wenn ich ständig ein Haar in der Suppe finde, dann heißt das nicht, dass die Suppe voller Haare ist, sondern dass mir mein Aufstieg noch nicht einmal fünf Überstunden die Woche wert ist!

Diese Erkenntnis befreit kolossal. In Seminaren hört man deutlich den Stein vom Herzen fallen. Welche Erleichterung! Ich muss gar nicht aufsteigen! Weil es sich für mich nicht lohnt! Und wenn tatsächlich mal eine Chance kommt, die für mich lohnend ist, merke ich das auch. Aber Aufstieg um den Preis eines Lebens aus dem Koffer, um den Preis von 20 verplanten Wochenenden? Nein, mit mir nicht.

Tipp Prüfen Sie Ihren Aufstiegswunsch ehrlich. Wirklich ehrlich vor sich selbst: Was bin ich bereit, dafür zu tun?

Einen Aufstieg „light" gibt es nämlich nicht. Genauso wenig wie es Kinder light gibt.

Frauen, die aufsteigen, wissen wofür

Was verbindet alle erfolgreichen Frauen? Sie alle verbindet ein gemeinsames Wissen:

1. Sie wissen, wofür sie es tun.
2. Sie wissen, dass es sich für sie lohnt.

Das ist wie mit dem Abnehmen: Warum sollte ich es tun, wenn erstens ich mich wohlfühle mit meinen 72 Kilo und wenn zweitens sich für vier Kilo weniger die ganze Plackerei einfach nicht lohnt? Für eine andere vielleicht. Aber für mich? Nicht die Bohne! Also lasse ich's doch! Und das ist gut so. Frau sollte ihre eigenen Wünsche respektieren. Wenn es die Männer schon nicht tun ...

Frauen, die beruflich, privat und gesellschaftlich vorwärtskommen, wissen genau, wofür sie es tun und dass sich für dieses Ziel ihr Aufwand für sie (und nur für sie!) lohnt. Sie tun es:

❑ Für mehr Geld. (Ein Schuft, wer Böses dabei denkt. Immerhin sind Frauen stets schlechter bezahlt als Männer. Also haben sie sich den Zaster redlich verdient: Go and get it, sister!)

❑ Fur mehr Freiraum und Entscheidungsfreiheit. Silke sagt: „Ich wollte nie Karriere machen. Ich hasste es einfach nur, dass mein Chef immer meine besten Ideen zusammenstrich. Also habe ich mich um seine Position beworben, nachdem er wegging. Seither bin ich viel freier. Und wenn ich demnächst Niederlassungsleiterin werde, habe ich praktisch Narrenfrei-

heit." Frauen steigen selten um des Aufstiegs willen auf (wie Männer). Sie wissen, *wofür* sie es tun.

❑ Für mehr Unabhängigkeit: finanzielle, geistige oder private.

❑ Für sich: um stärker ihre eigenen Wünsche und Vorstellungen durchzusetzen.

❑ Für andere. Petra meint: „Ich konnte das nicht mehr mit ansehen. Wenn du in unserem Betrieb den Kunden wirklich gute Leistung bieten willst, musst du schon Key Accounter werden. Also wurde ich es."

❑

_____

_____

Welches ist Ihr Motiv, das stark genug ist, Sie voranzubringen? Wenn Sie sich bislang nichts notiert haben, dies sollten Sie notieren. Denn aus der Motivationsforschung wissen wir: Schriftlich fixierte Motivatoren haben eine fast hundertprozentige Umsetzungswahrscheinlichkeit.

Frauen, die ihre Selbstverwirklichungs-Motive entdecken und in ihrer Fantasie ausleben, entwickeln den nötigen Willen, das nötige Durchsetzungsvermögen, um vorwärtszukommen. Sie empfinden den dafür nötigen Aufwand nicht als Aufwand. Denn sie wissen ja, wofür sie es tun und dass es sich für sie lohnt. Das ist die Kraft des Zieles:

 Wer ein klares und lohnendes Ziel hat, hat auch die Kraft, es zu erreichen.

Wer sich mit acht Kilo weniger in einem Kreis von Verehrern sieht, macht gern Diät (wenn man darauf steht, von Verehrern umlagert zu sein).

Der Mythos der Diskriminierung

Wohlgemerkt: Frauen werden ständig diskriminiert. Es gibt jedoch ein Problem dabei: Fast alle erfolgreichen Frauen

- ❑ erlebten entweder diese Diskriminierung nie bewusst oder
- ❑ empfanden sie nicht als Diskriminierung, sondern als handhabbare Herausforderung.

„Ich hatte nie den Eindruck, dass ich es als Frau irgendwie schwerer hatte als die Männer." „Natürlich wurde ich anfangs für meine eigene Sekretärin gehalten – aber wenn ich das Missverständnis auflöste, war das Gelächter immer groß und danach lief es deshalb sogar viel besser!"

Diese beiden Äußerungen sind typisch für erfolgreiche Frauen. Sie sind so typisch, dass einen bei der Lektüre von Interviews oft die Wut packt: Wie leicht es diese Erfolgsfrauen haben!

Erfolgsfrauen nehmen Diskriminierung gar nicht wahr oder sie werden einfach damit fertig.

Tatsächlich ist in den meisten Fällen – abgesehen vom Mobbing – die Diskriminierung weder absichtlich noch böse gemeint: Die meisten Männer tragen diese Vorurteile eben immer noch wie selbstverständlich im Kopf herum.

Erfolgreiche Frauen haben gelernt, mit der Alltagsdiskriminierung umzugehen. Sie begegnen ihr mit Selbstbewusstsein, Schlagfertigkeit, Humor und sachlichen Argumenten.

Auch Sie können das lernen. Anders dagegen die weniger erfolgreichen Frauen. Sie ziehen sich allzu schnell in die Schmollecke zurück. Diese mangelnde Reaktionsreife, die meist auf eine vernachlässigte Persönlichkeitsbildung zurückgeht, wird noch unterstützt von Pauschalurteilen (die jenen der Männer in nichts nachstehen) wie:

- ❑ „In unserer Firma bringen es Frauen nicht weit."
- ❑ „Als Frau hat man hier doch eh keine Chance!"

Glaubenssätze

❑   „Die Männer lassen dich nicht nach oben kommen."
❑   „Wie soll ich mich denn gegen so viele Männer durchsetzen?"

Bei näherer Betrachtung kommt man meist schnell darauf, dass dies keine Tatsachen, sondern Glaubenssätze sind. Leider nutzt diese Erkenntnis wenig. Denn diese hinderlichen Einstellungen kleben seit der Kindheit in den Köpfen fest. Sie lassen sich in den meisten Fällen nur

Befreien Sie sich von hinderlichen Einstellungen!

❑   mit großer Eigendisziplin und einer sehr großen Portion gesunden Menschenverstands und/oder
❑   mit Kenntnis von Techniken zur Umwandlung von Glaubenssätzen (zum Beispiel aus dem Neurolinguistischen Programmieren) und/oder
❑   mithilfe eines guten Coach

erfolgreich und vor allem so schnell wie nötig überwinden. Was werden Sie unternehmen, um solche hinderlichen Einstellungen loszuwerden? Wann werden Sie es tun? Was könnte Sie davon abhalten? Und was können Sie tun, damit diese Hindernisse Sie nicht davon abhalten?

Fallbeispiel: Judith kommt nicht voran

Weil diese Glaubenssätze bei so vielen Frauen im Kopf feststecken, betrachten wir ein Beispiel dazu.

 Judith sagt zu ihrem Chef: „Die Zentrale hat ein Orga-Projekt ausgeschrieben. Ich würde gerne die Projektleitung machen. Ich habe mich schon beworben. Würden Sie ein gutes Wort für mich einlegen?" Der Chef sagt: „Ja natürlich. Finde ich gut, dass Sie sich bewerben. Das wirft ein gutes Licht auf uns."
Zwei Tage vergehen, eine Woche: Der Chef rührt keinen Finger. Judith sagt: „Wusste ich's doch. Als Frau stehst du hier auf verlorenem Posten. Ich muss ihm einfach ein bisschen auf die Füße treten." Das tut sie. Der Chef reagiert sauer. Zu einem Kollegen sagt er: „Typisch Frau. Will alles und sofort, hat aber keine Ahnung." Ein ziemliches Chauvi-Schwein?

Nein, der Fehler liegt bei Judith. Der Chef meinte es wirklich ehrlich. Weil er sich nicht auf den offiziellen Dienstweg verließ, hatte er mit dem zuständigen Mann in der Zentrale eine Partie Golf vereinbart – am übernächsten Wochenende. Als Judith patzig wurde, blies er den Termin natürlich ab. Warum wurde Judith patzig? In einem Coaching-Gespräch kam der Grund ans Tageslicht: „Mein früherer Chef war ein echter Frauenhasser. Deshalb habe ich die Stelle gewechselt. Leider nicht meine Erwartungen. Ich habe ganz automatisch angenommen, dass mein neuer Chef ebenso ein Schwein ist. Daran war ich so gewohnt, dass ich die unbewusste Haltung gar nicht mehr als solche wahrnahm, sondern für die blanke Wahrheit hielt. Der Mensch ist halt ein Gewohnheitstier."

Der Unterschied zwischen Glaubenssätzen und Realität ist für jede erkennbar – außer für die Trägerin des Glaubenssatzes.

Lernen Sie, mit hinderlichen Glaubenssätzen umzugehen. Fragen Sie sich:

1.   Stimmt das wirklich?
2.   Wie viele Gegenbeispiele finde ich?
3.   Habe ich alles probiert, um das Vorurteil zu widerlegen?
4.   Hilft mir diese Einstellung wirklich weiter?

Macht macht einsam

Viele Frauen möchten es im Leben zu etwas bringen, wissen auch, wofür sie es tun und dass es sich für sie lohnen würde. Doch sie fürchten den Verlust von Freunden: „Wenn ich plötzlich die Vorgesetzte bin – dann reden die doch nicht mehr wie früher mit mir!" Kein Zweifel, das stimmt:

❑   Doch Sie verlieren die alten Freunde niemals vollständig, solange Sie beziehungsorientiert (s. Kapitel 9) führen. Solange Sie das tun, hält die Beziehung nämlich (darum heißt dieser Führungsstil so).
❑   Doch Sie gewinnen im Gegenzug auf jeden Fall viele neue, interessante Freunde dazu.
❑   Und Sie gewinnen stets auch die Anerkennung, Bewunderung, Achtung und den Respekt vieler alter Freunde: „Schau her, sie hat es geschafft und ist doch eine von uns geblieben!"

Gewiss, Sie sollten nicht blauäugig sein. Es wird auch Neider geben, die sagen: „Diese Karriereschnepfe! Schläft sich nach oben!" Sagen Sie sich bei solchen unflätigen Anwürfen immer: Wofür tust du es? Dann juckt Sie das nicht mehr.

> **Was schert es eine deutsche Eiche, wenn ein Schwein sich an ihr kratzt?**
> Heinz Erhardt

„So hart kann ich nicht sein!"

Aufstieg und Vorwärtskommen lösen bei den meisten Frauen negative Assoziationen aus: „So hart bin ich nicht. So hart will ich nicht sein. Ich will nicht über Leichen gehen."

Wer hat das denn von Ihnen verlangt? Viele Frauen halten Blutrünstigkeit für eine selbstverständliche Karrierevoraussetzung. Früher habe ich immer ellenlang mit ihnen in meinen Seminaren über diese Illusion diskutiert. Heute sage ich nur:

 Tipp Gehen Sie nicht über Leichen, aber über Leichtverletzte.

So simpel dieser Satz klingt, bei den meisten Teilnehmerinnen löst er eine unglaubliche innere Befreiung aus: Wir dürfen auch mal grob sein. Wir bringen niemanden um. Aber wir stellen auch mal die Ellbogen aus, wenn sich ein anderer vorbeidrängeln und uns nehmen will, was uns zusteht. Das ist unser gutes Recht. Nehmen Sie sich dieses Recht!

Welches ist Ihre persönliche Barriere?

Coaching-Gespräche mit hoch qualifizierten Berufsanfängerinnen zählen zum Traurigsten, was man sich vorstellen kann. Neulich berichtete mir ein Mitarbeiter meines Beratungsteams von folgendem typischen Gespräch:

Coach (in diesem Fall ein Mann): „Sie machen das letzte Praxissemester? Haben Sie schon daran gedacht, es als Assistentin einer Führungskraft zu machen, damit Sie schon mal Führungserfahrung schnuppern können?"
Sabine, 24 Jahre, studiert als eine der Jahrgangsbesten Architektur: „Ach nein, eine Führungsposition will ich später mal nicht haben."

Der Coach meinte danach zu mir: „Damit hat die Frau schon zu Beginn ihrer Karriere keine mehr vor sich. Mensch, das merkt doch jeder halbwegs nüchterne Chef, dass die niemals nach vorne will. Die kriegt Zeit ihres Lebens nur die Blödjobs ab!"

 Jede von uns hat ihre eigenen kleinen oder großen Vorbehalte gegen den nächsten Karriereschritt: Ergründen Sie, was dahintersteckt. Erst dann können Sie entscheiden, ob dieser Schritt sinnvoll für Sie ist.

Das Coaching-Gespräch verlief danach ungefähr so – und genauso können Sie mit etwas Disziplin und/oder Coaching-Kompetenz im Selbst-Coaching vorgehen – fragen Sie sich einfach bis zum Grund hinter dem Grund hinter dem Grund ... durch:

 „Was finden Sie denn so abschreckend an einer Führungsposition?"
„Dumme Frage, natürlich die Verantwortung!"
„Verantwortung wofür?"
„Na, für meine Mitarbeiter!"
„Welche Verantwortung ist das genau?"
„Sie tun gerade so, als ob Sie noch nie Führungsverantwortung gehabt hätten!" (Coachs sind Attacken gewohnt.)
„Wofür genau fühlen Sie sich verantwortlich?"

> „Dafür, dass die Leute immer Arbeit haben, ist doch klar!"
>
> „Was wäre denn das Schlimmste, was in diesem Sinne passieren könnte?"
>
> „Dass ich bei schlechter Auftragslage einem Mitarbeiter kündigen müsste – das könnte ich nie!"

Das ist eine der häufigsten Karrierebarrieren von Frauen. Frauen setzen Kündigung, unpopuläre Anweisungen, Etatkürzungen, Abmahnung, Ankündigung von Überstunden und andere unangenehme Begleiterscheinungen des Führungsalltags mit dem Verlust der Freundschaft gleich. Also ist es Aufgabe des Coach, zu zeigen, dass

❏ diese Furcht nur eine Furcht ist;
❏ ein Vorgesetzter nicht nur die Verantwortung bekommt, sondern auch die nötige Kompetenz und Fähigkeit, schwierige Gespräche für beide Seiten befriedigend zu führen;
❏ man lieb gewordenen Menschen so kündigen kann, dass sie einem zumindest nicht böse, wenn nicht gar dankbar sind;
❏ der Coachee die dafür benötigten Grundfähigkeiten bereits beherrscht: Einfühlungs- und Argumentationsvermögen.

 Jedes Karrierehindernis löst sich auf, wenn Sie es ergründen.

Tun Sie's. Das ist ein (minuten-)langer, intensiver Prozess des inneren Dialogs. In Kurzform sieht er für die häufigsten Karriereblocker so aus:

❏ „Aber ich will nicht so viele Überstunden machen!" Dass Männer so viele Überstunden machen, heißt nicht, dass Frauen es auch tun müssen. Frauen arbeiten effizienter.
❏ „Ich will nicht mit diesen alten Männern von der Geschäftsleitung zusammen sein!" Sie werden sie nicht heiraten. Sie

werden sie höchstens fünf Stunden in der Woche sehen. Das hält jede Frau aus.

Ängste sind abstrakt – Lösungen sind konkret ❑ „Ich will keine Machtspielchen spielen!" Dann tun Sie's nicht. Nennen Sie mir eine konkrete Situation, in der Sie gezwungen sind, Macht auszuüben, und ich nenne Ihnen drei Möglichkeiten, die Situation ohne Machtmissbrauch besser zu lösen. Nein, das muss nicht einmal ich tun. Das fällt Ihnen automatisch selbst ein, sobald Sie runterkommen von der abstrakten Furcht und sich eine Situation konkret vorstellen.

Checkliste: Weg mit den Hindernissen!

- ❑ Ergründen Sie Ihren Wunsch nach einem Vorwärtskommen ehrlich: Wollen Sie das überhaupt?

- ❑ Was genau wollen Sie und was genau wollen Sie dafür tun?

- ❑ Passt beides überhaupt zusammen? Wenn nicht, nehmen Sie Abschied von Illusionen. Das befreit vom Erfolgsdruck.

- ❑ Wofür genau wollen Sie vorwärtskommen und lohnt sich für dieses Ziel Ihr absehbarer Aufwand? Wenn nicht, nehmen Sie Abschied von einer weiteren Illusion.

- ❑ Lernen Sie, der Alltagsdiskriminierung aus einer Position der Stärke, nicht aus der Opferposition, zu begegnen. Opfer bringen es nicht weiter. Frau kann jede Situation als Opfer oder als Gestalterin erleben. Das kann frau lernen.

- ❑ Identifizieren Sie Ihre persönliche Aufstiegsbarriere und beseitigen Sie diese, indem Sie sie bis zur letzten Konsequenz hinterfragen.

13   Was erfolgreiche Frauen erfolgreich macht

Acht Strategien erfolgreicher Frauen

Wer herausfinden möchte, warum sich die eigenen (beruflichen, persönlichen, privaten) Wünsche noch nicht erfüllt haben, braucht nur jene Kolleginnen zu betrachten, die sich ihre Wünsche schon erfüllt haben. Dieses einfache Erfolgsrezept nennt man auch Modelling, auf Deutsch: Erfolg durch Abgucken. Was einer Frau nutzt, kann auch der anderen nutzen.

Erfolgreiche Frauen verhalten sich anders Der große Irrtum der ewigen Skeptikerinnen ist, dass erfolgreiche Frauen anders *seien*. Sie sind es nicht. Logisch, die erfolgreich(er)e Kollegin ist Akademikerin und ich nicht, sie ist blond und ich nicht, sie hat einen tollen Partner und ich nicht – aber reichen diese Unterschiede tatsächlich aus, um ihren Erfolg zu erklären? Wenn wir uns für einige Sekunden von unseren kleinen Komplexen befreien können, müssen wir ehrlicherweise eingestehen: Nein. Erfolgreiche Frauen *sind* nicht anders, sie *verhalten* sich anders.

Erfolgreiche Frauen verhalten sich nicht nur gelegentlich anders. Sie verhalten sich systematisch anders. Um nur die wesentlichsten Strategien für beruflichen Aufstieg zu betrachten: Erfolgreiche Frauen

❏ warten nicht darauf, dass sich ihnen eine Chance präsentiert, sondern präsentieren sich potenziellen Chancen;
❏ trauen sich den Aufstieg zu;
❏ nutzen Netzwerke;
❏ holen sich Mentoren;
❏ bewältigen Rückschläge;

- ❏ reden anders;
- ❏ beherrschen den inneren Dialog;
- ❏ kennen die geheimen Spielregeln.

Machen Sie Eigen-PR!

Warum verpassen so viele Frauen das, was ihnen zusteht? Weil sie glauben, dass sie mit dem, was sie sich wünschen, *belohnt* werden. Das ist eine typische Erwartung der braven Tochter: Wenn ich brav bin, belohnt Papi mich. Etliche Frauen glauben, dass gute Arbeit für sich selbst spricht, dass „die da oben" von alleine auf gute Leistung aufmerksam werden. Sagen Sie selbst: Tun sie's? Wenn ja, gratuliere! Bleiben Sie in diesem Unternehmen und steigen Sie zu Ihrer Wunschposition auf. Die meisten von uns haben nicht dieses Glück.

Mauerblümchen bringen es nicht weit. Eigen-PR ist absolut notwendige Voraussetzung für Vorwärtskommen. Sie wollen nicht wie die Männer das Maul aufreißen? Wer verlangt das denn? Männer übertreiben in dieser Hinsicht. Sie präsentieren nicht, sie prahlen. Doch Frauen untertreiben im gleichen Maße.

Gute Arbeit spricht nicht für sich, wenn Sie nicht für sie sprechen

Wenn Sie einen Erfolg errungen haben, dann reden Sie darüber. Sachlich, aber stolz (s.u. Thema Selbstbewusstsein). Mit jedem, der es hören soll. Nun, diesen Tipp haben Sie sicher schon in einigen Erfolgsratgebern gelesen. Doch keiner dieser Erfolgsratgeber sagte Ihnen, warum Sie ihn nicht umsetzen. Das ist das Übel an schlechten Ratgebern: Sie geben Tipps, gehen jedoch nicht auf deren Umsetzungshindernisse ein. Damit sind sie wertlos. Warum machen Frauen kaum Eigen PR, obwohl sie deren Notwendigkeit einsehen?

Tu Gutes und rede darüber

Ein Grund dafür ist der Harmonie-Vorbehalt: „Ich möchte mich nicht hervortun." „Dann schauen alle auf mich!" Dahinter steht der Wunsch: Bloß nicht auffallen! Diese Bremse im Kopf lösen Sie ganz einfach:

❑ Erinnern Sie sich daran, warum Sie vorwärtskommen wollen. Danach greifen Sie gerne zur Eigen-PR.
❑ Überprüfen Sie Ihr Selbstwertgefühl (s.u.): Was man erreicht hat, darauf darf man auch stolz sein.

Machen Sie Eigen-PR täglich: Kommunizieren Sie täglich mindestens einen Erfolg an mindestens einen Ansprechpartner. Mindestens an jedem zweiten Tag sollte es ein Partner sein, der zumindest eine Hierarchiestufe höher steht als Sie.

Seien Sie nicht perfekt!

Wenn Sie nur wenige Erfolge als geeignet für Ihre Eigen-PR erachten, liegt das unter Garantie nicht daran, dass Sie nur wenige Erfolge verbuchen können. Es liegt mit Sicherheit daran, dass Sie zu kritisch sind.

Frauen leiden heftiger unter Fehlern als Männer

Männer schlampen gerne und ohne Gewissensbisse. Das wissen alle Frauen, die gewohnheitsmäßig den Männern in ihrem Umfeld hinterherarbeiten müssen. Übertriebener Perfektionismus ist eine schlimme Untugend. Gewöhnen Sie sich diese ab:

❑ Beobachten Sie die konkreten Folgen Ihrer Fehler: Diese sind meist sehr viel kleiner als Ihre Angst davor. Also ist Ihre Angst vor Fehlern übertrieben. Allein durch diese ständig wiederholte Einsicht reduzieren sich die Angst und der Perfektionismus.
❑ Evaluieren Sie die Kosten Ihres Perfektionismus: Wovon hält er mich ab? Davon, Eigen-PR zu betreiben und vorwärtszukommen! Also schadet er Ihnen. Weg damit!
❑ Beobachten Sie die Reaktionen auf Ihren Perfektionismus: Meist wollen die Leute, deren Tadel Sie fürchten, Ihren Perfektionismus gar nicht. Im Gegenteil, oft sagen sie: „Warum dauert das denn wieder so lange?!" Oder: „Muss das immer so umfangreich sein?" Sie wollen es nicht perfekt, sie wollen es schnell oder kompakt!

Viele Frauen können sich ihren Perfektionismus mit viel Geduld, Verständnis und hoher Kompetenz beim inneren Dialog (s.u.) selbst abgewöhnen. Doch gerade der Perfektionismus ist ein typischer Anlass, weshalb etliche Frauen einen Coach aufsuchen, wenn es nicht do it yourself gelingt, ihn abzustellen. Ersetzen Sie jedoch den übertriebenen Perfektionismus nicht durch einen wirklich schlampigen Arbeitsstil. Hier gilt es, das richtige Mittelmaß zwischen Gewissenhaftigkeit und Großzügigkeit zu treffen.

Das Mittelmaß zwischen Perfektionismus und Schlamperei

Seien Sie präsent!

Zur Eigen-PR gehört auch Präsenz. Lernen Sie jene Leute kennen, die Sie vorwärtsbringen können. Beschäftigen Sie sich mit ihnen. Besuchen Sie deren Vorträge, lesen Sie deren Berichte oder Fachartikel, schreiben Sie ihnen darüber eine Nachricht oder sprechen Sie mit ihnen darüber. Kommen Sie mit ihnen in den Dialog. Die beste Gelegenheit dazu sind berufliche Anlässe: Ihr Ansprechpartner verschickt eine Hausmitteilung (was meinen Sie, wie er sich freut, wenn Sie darauf antworten – das tut nämlich keiner), legt einen Bericht vor, entwirft ein Strategiepapier ... Versuchen Sie, von nützlichen Menschen zu lernen. Stellen Sie ihnen Fragen. Für Sie bringt das nützliche Informationen und für Ihr Gegenüber die Erkenntnis: Aha, die Frau will weiterkommen.

Lernen Sie von „nützlichen" Menschen!

Nehmen Sie Einladungen zum Essen, zum Kaffee, zu Tagungen an, die besonders in amerikanisch geführten Unternehmen zwangsläufig ausgesprochen werden, wenn Sie sich für ein Weiterkommen interessieren. Und hören Sie auf, gleich sexuelle Untertöne zu vermuten: Solange noch andere dabei sind, ist das blanke Panik. Außerdem sollte es eine erwachsene Frau im 21. Jahrhundert fertigbringen, einem Mann höflich, aber bestimmt zu sagen, dass sie ihn schätzt, aber an einer Beziehung nicht interessiert ist.

Nutzen Sie jede Gelegenheit, bei den wichtigen Entscheidern präsent zu sein: auf dem Flur, im Aufzug, bei Veranstaltungen. Gehen Sie auf sie zu, stellen Sie sich vor, machen Sie Smalltalk oder

Suchen Sie Kontakt zu den Entscheidern

stellen Sie Fragen, die Sie interessieren. Das können Sie nicht? Das kann man lernen. Das trauen Sie sich nicht zu? Dann rufen Sie sich nochmals ins Gedächtnis: Warum wollen Sie weiterkommen? Na also, geht doch.

Wer ehrlich interessiert ist, muss sich niemals anbiedern

Sie finden das anbiedernd und opportunistisch? Das ist es auch – wenn Sie es zum Zweck des Aufstiegs tun. Erfolgreiche Frauen gehen dagegen niemals auf eine Party, auf der auch ein wichtiger Entscheider ist, um sich bei diesem einzuschmeicheln. Sie gehen dorthin, weil sie mit dem Mann/der Frau immer schon einmal in einem etwas privateren Kontext reden wollten, um ihn, sein Fachgebiet, seine Ideen oder die Möglichkeiten kennenzulernen, die er ihnen bieten kann.

Gegenüber wem müssen Sie präsent sein? Sind Sie es? Wie wollen Sie das ändern? Wann? Womit? Sie finden diese Fragen der Eigendiagnostik lästig? Gratuliere. Unsere inneren Widerstände sind der sicherste Weg zum Erfolg. Wenn Sie nur jeden Widerstand, dem Sie begegnen, aus dem Weg räumen, führt dieser Weg zwangsläufig zum Erfolg. Ihnen ist das zu lästig? Ebenfalls Gratulation. Dann haben Sie eben entdeckt, dass Ihnen der Aufstieg, Ihre beruflichen und gesellschaftlichen Wünsche doch nicht so viel wert sind, wie Sie bislang annahmen. Genießen Sie die Erleichterung. Sie sind nicht erleichtert? Weil Sie einerseits aufsteigen wollen, sich andererseits aber nicht präsentieren können? Dann trainieren Sie Ihr Präsentationstalent. Tennisspielen ist nämlich auch nicht angeboren, sondern Trainingssache. Da Frauen sich (Stichwort Kleidung) schon immer etwas präsentationsbewusster zeigten als Männer, fällt ihnen dieses Training auch leichter als Männern.

Wirbeln Sie!

Dieser Ausdruck ist in den letzten Jahren zum Modewort von Vorgesetzten geworden: „Sie sind immer so unscheinbar! Wenn Sie es hier zu etwas bringen wollen, müssen Sie wirbeln!"

Im Klartext: Seine Arbeit vorzüglich zu erledigen ist in kaum einem Unternehmen Beförderungskriterium. Denn dass Sie Ihre Arbeit vorzüglich erledigen, davon geht Ihr Vorgesetzter aus. Das erwartet er. Das ist für ihn selbstverständlich. Er will mehr. Er will, dass Sie sich für das, was Sie sich wünschen, empfehlen, durch etwas, das über die Norm hinausgeht:

Gehen Sie über die Norm hinaus!

- ❏ ein Extra-Projekt
- ❏ einige Fachbeiträge in renommierten Publikationen (in denen Sie auch Namen und Verdienste Ihres Chefs erwähnen). Sie können nicht schreiben? Wozu gibt es Texter, die für den stilistischen Feinschliff sorgen können?
- ❏ Kundenempfehlungen
- ❏ Vorträge bei Tagungen
- ❏ exotische Sonderqualifikationen in Ihrem Fachgebiet
- ❏ eine Menge guter Verbesserungsvorschläge
- ❏ ausgezeichnete Wortmeldungen in Meetings
- ❏ regelmäßige Gehaltsforderungen

Was fällt Ihnen dazu ein?

Übrigens, wenn wir gerade beim Geld sind: Frauen verdienen auch deshalb weniger als Männer in gleicher Position, weil Frauen signifikant weniger Nachschläge fordern. Wie oft Männer wegen mehr Gehalt beim Chef vorstellig werden! Und wie selten das Frauen tun. Warum? Weil sie nicht in erster Linie für Geld arbeiten. Böser Irrtum: Alle Chefs dieser Welt messen das Engagement und den Ehrgeiz eines Mitarbeiters auch daran, wie oft er „Nachschlag" ruft. Wie oft der Chef dabei nachgibt, spielt für das Karrierekalkül keine Rolle. Doch jedes Mal, wenn Sie fordern, weiß der Chef: Die traut sich was zu! Die kennt ihren Wert! Die will mehr! Mehr Geld, mehr Kompetenz, mehr Einfluss!
Das ist unweiblich? Leider nein. Diese Ausrede gilt nicht mehr. Diese Ausrede benutzen heutzutage nur noch die braven Weibchen. Selbstbewusste Frauen haben ein sehr feines Gespür dafür, was sie

Fordern Sie Nachschlag!

leisten und was der Chef in Form von Gehalt als Gegenleistung erbringt. Frauen haben einen besser ausgeprägten Sinn für Gerechtigkeit als Männer. Deshalb fällt es selbstbewussten Frauen viel leichter, die fällige Beförderung oder Gehaltserhöhung zu fordern.

 Zum Beispiel Silvia Reinhardt: Sie ist Web-Designerin bei einem Kölner Software-Unternehmen. Sie begann ihre Arbeit dort als Berufsanfängerin – Berufsanfängerinnen fordern niemals Gehaltserhöhung! – im Sommer 2005. Im November 2006 hatte sie die dritte Gehaltserhöhung im laufenden Jahr durchgesetzt – jedes Mal bezahlte der Chef, ohne mit der Wimper zu zucken.

Ich weiß, was die ewigen Zweiflerinnen einwenden: Der Chef ist offensichtlich eine Pflaume! Glauben Sie das ruhig. Erfinden Sie nur Ausreden. Denn Ausreden zahlen sich aus: Wer sich rausredet, muss selber nicht aktiv werden. Silvias Chef ist übrigens keine Pflaume. Er ist als einer der härtesten Verhandler im Gewerbe bekannt. Daher weiß er, was ein Mitarbeiter wert ist. Hinter vorgehaltener Hand gibt er zu: „Der Reinhardt müsste ich noch viel mehr bezahlen. Die schmeißt die Arbeit von zwei Kontaktern. So gesehen ist sie noch unterbezahlt!"
Wirbeln Sie? Womit? Reicht das aus? Wenn nicht, womit wollen Sie ab sofort wirbeln? Notieren Sie es. Setzen Sie dafür die ersten Maßnahmen in Ihren Dater (das nennt man Selbstverpflichtung).

Trauen Sie sich's zu!

Viele erfolgreiche Frauen beschreiben dies als wichtigsten Erfolgsfaktor jedes Vorwärtskommens: Vertrauen in die eigenen Fähigkeiten. Tatsächlich ist dies meist nicht vorhanden. Denn: Männer überschätzen sich, Frauen unterschätzen sich.

Vorgesetzte kennen dieses Phänomen. Hans Wagner, Fertigungsleiter eines Spezialwerkzeuge-Herstellers, schmunzelt: „Wenn ich einem Mann eine höhere Position in Aussicht stelle, fragt er, wie viel Gehalt er mehr bekommt. Wenn ich eine Frau anspreche, fragt sie, ob ich ihr das wirklich zutraue."

Frauen können viel, trauen sich jedoch wenig zu. Es gibt deutliche Unterschiede im Selbstvertrauen von erfolgreichen und weniger erfolgreichen Frauen:

Erfolgreiche Frauen sehen Möglichkeiten, Chancen und das Positive. Weniger erfolgreiche Frauen sind oft Negaholikerinnen: Immer nur das Negative sehen. Susie sagt zu einer in Aussicht gestellten Beförderung: „Aber ich kann doch keine Tabellenkalkulation!" Anna sagt: „Ich habe mir Word beigebracht, dann schaffe ich das auch mit Excel."

 Beobachten Sie Ihre eigene Wahrnehmung und verändern Sie diese bewusst in Richtung auf die Wahrnehmung von Lösungen.

Zu dieser Wahrnehmungsverzerrung gehört auch der Schuldkomplex. Treten Fehler auf, sagen viele Frauen: „Dafür kann ich doch nichts!", obwohl sie niemand einer Schuld bezichtigt hat. Das regt viele Männer ziemlich auf. Erstens ist es ungesund für das eigene Selbstvertrauen, weil man damit in die Opferrolle rutscht. Und zweitens empfiehlt man sich damit nicht gerade für ein Vorwärtskommen: „Für die Susie ist anscheinend nur wichtig, dass sie keine Schuld hat – an einer Lösung ist sie offensichtlich nicht interessiert." Ein verwandter Karriere-Killer ist die Selbstbezichtigung. Kaum läuft etwas schief, fragt die Frau im Team: „Habe ich etwas falsch gemacht?" Diese Eigendemontage fördert die Chancen nicht unbedingt.

Erfolgreiche Frauen bauen sich auf. Sie feiern zum Beispiel Erfolge, sie erzählen davon, sie sind stolz auf sich. Anna sagt: „Ich habe heute schon mein Monatssoll erfüllt – und es ist erst der Achtzehnte!" Susie sagt: „Ich habe mein Monatssoll bereits erfüllt – da habe

Erfolgreiche Frauen feiern Erfolge

ich mal Glück gehabt." Susie macht das Glück (die anderen, die Umstände, den Zufall) für ihre Erfolge verantwortlich. Anna macht sich für ihre Erfolge verantwortlich. Anna baut sich auf, Susie redet sich runter.

 Beobachten Sie Ihr Attributionsverhalten: Wen oder was machen Sie für Ihre Erfolge verantwortlich? Doch hoffentlich sich!

Das heißt nicht, dass Sie sich dafür verantwortlich machen sollen, dass heute so schönes Wetter ist. Aber machen Sie sich dafür verantwortlich, dass Sie es genießen können: Suchen Sie in allen Angelegenheiten Ihren eigenen Erfolgsanteil. Dieser ist immer vorhanden. Sie müssen ihn nur wahrnehmen (lernen). Für die meisten Frauen ist das ein schwieriger Lernprozess, den sie ohne Mentor oder Netzwerk (s.u.) kaum erfolgreich meistern können.

Erfolgreiche Frauen akzeptieren Anerkennung. Karl sagt zu Susie: „Das hast du aber toll hingekriegt." Susie sagt: „Ach, das war doch nichts. Das ist doch selbstverständlich." Kein Wunder, dass ihr Selbstvertrauen so klein ist: Sie verweigert ihm die tägliche Nahrung. Anna sagt: „Danke für die Blumen, Karl. Das mache ich doch gerne."

 Für Ihr Selbstvertrauen sind Sie selbst verantwortlich.

Pflegen Sie es. Damit Sie auch morgen noch kraftvoll vorwärts-kommen.

Wo steht Ihr Selbstvertrauen auf einer Skala von 0 bis 100 Prozent gerade? Warum? Reden Sie sich runter, verweigern Sie sich die nötige Anerkennung? Prüfen Sie die Faktoren der Selbstabwertung: Womit reduziere ich gerade mein Selbstwertgefühl? Womit könnten Sie es wieder aufbauen?

Die chronische Unterschätzung

Frauen trauen sich nicht nur eine konkrete Aufstiegsmöglichkeit viel weniger zu als Männer. Sie beschränken schon von vornherein ihre Möglichkeiten viel stärker als Männer.

 Eva zum Beispiel ist Hochschulabsolventin der Wirtschaftswissenschaften mit einem Einser-Schnitt. Sie bewirbt sich im Sommer 2006 bei einem Industrieunternehmen für ein Einstiegsgehalt von 35.000 Euro. Als ihr Bruder sie darauf aufmerksam macht, dass die großen Unternehmensberatungen Uni-Absolventen derzeit für 45.000 bis 55.000 Euro (ohne Boni und Firmenwagen) einstellen, sagt sie: „Ich kann mir nicht vorstellen, dass KPMG mich nimmt!" Genau. Sie kann sich das nicht *vorstellen*. Deshalb funktioniert es nicht.

Ein Kommilitone mit einem Dreier-Schnitt sagt: „Was soll's? Mehr als mich nicht nehmen können sie nicht!" Er bewirbt sich bei einem der vier großen Beratungsunternehmen – und wird eingestellt! Ohne die kleinste Anstrengung verdient er also bereits bei seinem ersten Job doppelt so viel wie seine Studienkollegin! Warum? Weil er mit Ablehnung umgehen kann. Seine Kollegin nicht. Als ein Headhunter das hört, meint er: „Dann hat sie den Job auch nicht verdient. Wer nicht mit Ablehnungen umgehen kann, sieht das auf seinem Gehaltsausdruck." Hart, aber wahr.

Welches sind Ihre kühnsten Träume? Warum sind es nur Träume? Welche Scheinhindernisse nehmen Sie für bare Münze? Wie lange noch? Übrigens: Mentoren sind hervorragend dafür geeignet, einem die Flausen aus dem Kopf zu treiben und einem in den Hintern zu treten. Sie sprechen aus, was der Schützling sich nicht zutraut, und helfen ihm, den Blick nach ganz oben zu richten.

Angst vor den eigenen Wünschen

Angst ist kein Schicksal, Angst lässt sich überwinden

Die meisten Frauen möchten zwar vorwärtskommen, haben aber zugleich Angst davor. Die Entwicklungspsychologen haben dafür den Satz geprägt: Ein gewohntes Übel ist leichter zu ertragen als ein ungewohntes Glück. Das ist beinahe angeboren. Schauen Sie Babys an: Sie schreien, wenn sie nass sind. Doch wenn man sie deshalb wickelt, schreien sie noch viel mehr. Jeder Wandel ist mit Angst behaftet.

Es gibt viele Methoden, mit der eigenen Angst besser umzugehen. Eine dieser Methoden ist die Reduktion:

 Alles Neue lässt sich zu 80 Prozent auf Altes zurückführen.

 Susie sagt: „Ich hatte noch nie Budgetgewalt! Ich kann Excel nicht! An der neuen Position ist so viel Neues!" Anna, ihre beste Freundin, sagt: „Nun mach mal halblang. Da ist gar nicht so viel Neues dabei. Du hast das Büromateriallager verwaltet – und Budgetgewalt ist auch nichts anderes als Lagerverwaltung, nur mit etwas mehr Geld. Du bist die Einzige von uns, die Corel Draw beherrscht – und Excel ist garantiert nicht schwieriger!"

Was tut Anna? Sie führt systematisch alles Neue, vor dem Susie Angst hat, auf Altbekanntes zurück. Susie ist zwar verängstigt, aber dumm ist sie nicht. Sie nimmt die neue Position an und sagt nach zwei Monaten ungefähr Folgendes: „Was war ich für ein Angsthase! Alles halb so schlimm!"

Ich kenne keine einzige Frau, die nach einer beruflichen Veränderung etwas anderes gesagt hat. Denn so mächtig uns die Knie vor der Veränderung zittern: Wir stemmen das. Wie alles, was wir anpacken. Oder wie eine Kollegin das ausdrückte: „Ich sage mir

immer: Du hast drei Kinder zur Welt gebracht und fürchtest dich jetzt vor der Balanced Scorecard? Hast du sie noch alle?"

Und noch eine Methode zur Steigerung Ihres Selbstvertrauens und zur Reduktion Ihrer Ängste: Listen Sie fein säuberlich die Anforderungen Ihrer neuen Aufgabe auf. Dann stellen Sie jeder dieser Anforderungen das gegenüber, was Sie einbringen können. Zum Beispiel für die neue Position der Vertriebscontrollerin:

- ❏ SAP-Kenntnisse für Modul Controlling: Habe ich nicht, dafür kann ich SAP-FiBu. Also lerne ich auch Controlling.
- ❏ Verkaufserfahrung: Vorhanden, sechs Monate.
- ❏ Führungsverantwortung: Habe ich nicht. Aber ich werde nur drei Leute führen. Und zwei davon kenne ich seit Jahren.
- ❏ ...

Da Ängste abstrakt sind, lösen sie sich auf, sobald Sie Ihrer diffusen Angst vor dem Neuen die exakten Anforderungen gegenüberstellen. Dann erkennen Sie nämlich immer, dass Sie das meiste davon schon mitbringen – und das andere können Sie sich erwerben.

Was wünschen Sie sich? Welche Befürchtungen und Ängste kommen dabei hoch? Wie werden Sie damit umgehen? Zugegeben, mit den eigenen Ängsten umzugehen ist nicht so angenehm wie ein Spaziergang an einem lauen Sommerabend. Dafür bringt es Ihnen weitaus mehr. Sie werden es erleben.

Nutzen Sie Netzwerke!

Diese Forderung steht in jedem Karriere-Ratgeber. Leider steht in keinem mir bekannten Ratgeber, wozu. Auch deshalb haben Frauen mit diesem Gedanken so ihre Probleme.

Viele Frauen pflegen ihr Netzwerk einfach so, aus Kontaktfreude, um mal wieder miteinander zu plaudern. Schön. Bringt sie das weiter? Erfolgreiche Frauen plaudern zwar auch für ihr Leben gern

(sie sind sehr kommunikativ, wie das im Fachslang heißt). Doch sie kommunizieren auch ebenso gerne zielführend:

Der oberste Zweck eines Netzwerks ist, Ihnen zu helfen

„Hallo Gerda, wie geht's? Was macht Peter? Schön. Du, ich habe gehört, bei euch suchen sie eine IT-Referentin. Was ist da dran?"

„Hallo Frank ... Kannst du mir bei ein paar Zahlen helfen? Ja, der Monatsbericht wieder. Logisch, wie immer zwei Karten für die Oper. Soll ich sie dir schicken oder kommst du vorbei?"

Das finden Sie schnöde? Dann gönnen Sie Frank also nicht seine zwei Karten für die Oper, wo er sich doch so auf die Lohengrin-Aufführung gefreut hat? Ein Netzwerk funktioniert nur, wenn Input = Output.

Weniger erfolgreiche Frauen sitzen rum und fragen sich: „Wie soll ich denn das auf die Reihe kriegen?" Erfolgreiche Frauen fragen sich: „Wer kann mir dabei helfen? Wer ist im Netzwerk? Noch keiner? Wer aus dem Netzwerk kann mir einen empfehlen, der mir in dieser Frage weiterhelfen kann?"

An welcher fachlichen oder beruflichen Aufgabe arbeiten Sie gerade? Wer könnte Ihnen dabei weiterhelfen? Wann werden Sie ihn/sie kontaktieren? Tragen Sie den Termin dafür in Ihren Terminplaner ein.

Suchen Sie Mentoren!

Spricht man mit erfolgreichen Frauen (wobei Erfolg nicht nur beruflich, sondern auch gesellschaftlich, persönlich, finanziell oder wirtschaftlich verstanden wird), fällt dabei auffällig oft das Wort „Mentor". Einige Kenner der Materie, wie zum Beispiel Dr. Donna Brooks, Buchautorin und Managing Partner der international erfolgreichen Trainings- und Beratungsfirma Brooks Consulting, weisen sogar auf Erhebungen hin, in denen *sämtliche* befragten erfolgreichen Frauen aussagten, dass ein Mentor oder eine Mentorin absolut notwendige Aufstiegsvoraussetzung sei.

Entgegen dem häufig bemühten literarischen Motiv ist Empor-schlafen keine besonders erfolgreiche Aufstiegsmethode. Das klappt zwar manchmal, aber niemals auf Dauer. Erfolgreiche Frauen unterscheiden zwei Arten von Mentoren:

1. den väterlichen oder mütterlichen Typ und
2. den Antreiber.

Bitte keine Missverständnisse: Ein Mentor ist kein Bettpartner

Wie gewinnt frau einen Mentor (zwei sind besser)? Sicher nicht mit der naiven Frage: „Möchten Sie mein Mentor sein?" Sondern ganz einfach inhaltsorientiert. Wenn Sie wissen, was Sie erreichen wollen (was inzwischen der Fall sein sollte), fallen Ihnen dabei automatisch Menschen im Unternehmen oder außerhalb des Unternehmens ein, die Sie dabei mit Rat und Tat unterstützen können.

Ein Mentor ist einfach einer, den Sie fragen und um Hilfe bitten können, der das gerne macht und zu dem Sie einen guten Draht aufbauen können. Dieser Mentor ist erfolgsentscheidend. Denn er oder sie ist es, der:

❏ Sie auffängt, wenn Sie eins auf die Nase bekommen haben: „Ach was, das ist mir schon hundertmal passiert. Hör doch nicht drauf, wenn der Meier bellt. Der kann dir nicht in die Suppe spucken. Achte lieber auf den Müller, der treibt's im Verborgenen."
❏ Ihnen den nötigen Abstand verschafft: „Überlegen Sie einmal, was Sie gerade tun. Ist das klug? Welches sind die Folgen? Was wäre besser?"
❏ Ihnen wertvolle Tipps gibt: „Legen Sie niemals mehr als drei Tabellen bei – Ihr Bereichsleiter ist ein BWL-Neurotiker!"

Mentoren können Kollegen, Führungskräfte, aber auch Partner, Freunde oder Verwandte sein

So einen Menschen gibt es nicht? Vielleicht nicht in Ihrem Umfeld. Dann nutzen Sie einfach die *funktionelle Mentorenschaft*: für jede Funktion den passenden Mentor. Anna sagt: „Wenn's mir schlecht geht, baut mich mein Freund wieder auf. Wenn es ums Budget

geht, kann ich zu Herrn Schimke gehen. Und wenn ich präsentieren muss, macht mich unser Vertriebsleiter fit."

Viele Frauen – halten Sie sich fest – zögern, sich einen Mentor zu suchen, weil sie sich fragen: „Warum sollte das ein Mensch für mich tun? Was muss ich ihm dafür geben?" Auch deshalb kommen viele Frauen auf die sexuelle Gegenleistung. Als ob eine Frau nur aus dem Unterleib bestünde! Nein, ein Mentor macht es einfach nur aus Freude an der Entwicklung – sonst ist er als Mentor für Sie ungeeignet. Jeder halbwegs reife Mensch möchte das, was er im Leben an Erfahrung erworben hat, an andere weitergeben. An seine Lebenspartner und Kinder kann das ein Berufstätiger kaum. **Mentoren sind stolz auf ihre Schützlinge** Das geht mit einem Schützling im Unternehmen viel besser. Wenn Sie wüssten, wie unheimlich stolz gute Mentoren auf ihre Schützlinge sind, würden Sie nie die Frage nach der Gegenleistung stellen. Übrigens: Ein guter Mentor wird Sie niemals in eine Position „hieven". Wenn er das tut, erwartet er tatsächlich meist eine Gegenleistung in Naturalien. Doch gute Mentoren glauben nicht daran. Im Gegenteil. Ein guter Mentor ist wie ein guter Trainer: Je mehr er einen Schützling mag, desto härter fordert er ihn.

> **Z.B.** Karl Zenker, Finanzvorstand eines Konzerns, 55 Jahre und seit fast 20 Jahren Mentor von inzwischen über einem Dutzend Männern und Frauen, die heute allesamt in sehr guten Positionen sind, sagt: „Wenn ich erkenne, dass eine Frau großes Potenzial hat, fordere ich sie. Und ich fördere sie. Ich mache es ihr niemals leicht. Denn wer's leicht hat, der entwickelt sein Potenzial nicht. Ein guter Mentor weiß, wann er einen Schützling fordern und wann er ihn verschnaufen lassen muss."

Haben Sie einen Mentor? Reicht er aus? Brauchen Sie mehr, einen neuen? Haben Sie noch keinen? Wer käme infrage? Wann nehmen Sie Kontakt mit ihm auf? Wenn Sie Hemmungen davor verspüren: Wofür möchten Sie weiterkommen? Wie groß ist der Lohn? Ist er größer als der Aufwand für die Mentorensuche? Wenn ja: Auf zur

Suche! Wenn nein: Vergessen Sie's. Wenn es Ihnen das nicht wert ist, ist für Sie der Wunsch nach einem Vorwärtskommen nicht so wichtig. Auch eine schöne Erkenntnis.

Stecken Sie Rückschläge weg!

Frauen sind sehr viel stärker für den Karriereknick anfällig als Männer. Wenn ein Mann ein Riesenprojekt durch reine Dummheit in den Sand setzt, macht er dafür den Markt, die Japaner, die Weltwirtschaft, den Papst, Nachbars Hund und einen umgefallenen Reissack in Peking verantwortlich. Wenn eine Frau ein Himmelfahrtskommando nicht durchbringt, weil der Weltmarkt zusammenbricht, macht sie dafür sich allein verantwortlich – und zieht die Konsequenzen. Dieser Karriereknick passiert vor allem zu Beginn von Frauenkarrieren.

z.B. Dagmar war nach ihrer Ausbildung drei Jahre Schadensregulierer im Innendienst bei einer Versicherung. Ihr Chef ist ein Frauenhasser, der sie regelrecht rausmobbte. Völlig mit den Nerven am Ende kündigte sie (sie hatte keinen Mentor). Statt sich einen neuen Job bei einer Versicherung zu suchen, jobbt sie nun als Taxifahrerin. Sie sagt: „Ich komme einfach nicht mit Vorgesetzen zurecht." Was? Wegen eines einzigen Scheusals kommt sie gleich mit allen Vorgesetzten dieser Welt nicht zurecht?

Kein Einzelfall: So ergeht es vielen Frauen. Frauen nehmen Misserfolge stets personlich. Geht etwas schief, stecken sie oft total zurück, brechen ihre Karriere ab, geben ihre Wünsche auf und resignieren. Miriams Projekt floppte vor zwei Jahren. Seither parkt sie auf ihrer Position. Franks Projekt floppte damals ebenfalls – im Gegensatz zu Miriam aber deshalb, weil Frank eine ziemliche Niete bei der Projektplanung ist. Doch drei Monate nach seinem

Lernen Sie, mit Rückschlägen umzugehen

Eigentor hatte Frank ein neues, noch viel ehrgeizigeres Projekt an Land gezogen.

Viele Frauen regredieren unter dem Stress eines Rückschlags. Das heißt, sie fallen in kindliche Verhaltensmuster zurück: Sie begeben sich in die Schmollecke. Oder sie malen schwarz: „Jetzt ist alles aus! Ich bin eben total unfähig! Ich wusste doch, dass ich das nicht kann!" Gemeinsames Zeichen dieser Strategien der Selbstsabotage: Der Verstand ist abgeschaltet. Schalten Sie ihn wieder ein. Unterziehen Sie Ihre defätistischen Gedanken:

❑ einem Realitäts-Check: Stimmt das objektiv tatsächlich? Oder übertreibe ich es mal wieder?

❑ einem Konstruktivitäts-Check: Bringt mich dieser Gedanke weiter? Wenn nein, welcher würde es tun?

❑ einem Coaching-Check: So wie ich gerade mit mir rede – würde ich so mit meiner besten Freundin reden? Und sollte ich mir selbst nicht auch die beste Freundin sein?

❑ einem Projektions-Check: Würde meine beste Freundin mir das sagen, was ich gerade sage? Was würde sie mir sagen?

❑ einem Mentoren-Check: Was sagen meine Mentoren zu diesen Überlegungen? (Als ob Sie sich das nicht denken könnten.)

Sprechen Sie die Sprache des Erfolgs!

Es gibt einen Personalchef bei einem norddeutschen Elektronik-Unternehmen, der zum Spaß gerne Wetten mit seinen Personalreferenten abschließt, dass er die Qualifikation eines Bewerbers nach nur fünf Minuten genauso gut erkennen kann wie die Referenten nach einem zweistündigen Bewerbungsinterview. Bislang hat er jede Wette gewonnen. Wie? Er sagt: „Das wissen wir doch. Schon

Sprache ist Gesinnung Tucholsky sagte: Sprache ist Gesinnung. Ich sage: So wie einer redet, so ist er. Ein Macher redet wie ein Macher. Ein Zauderer redet wie ein Zauderer. Eine toughe Frau redet wie eine toughe Frau." In der Tat.

Hören Sie auf Meetings gut zu: Frauen lassen sich von Männern viel häufiger unterbrechen als umgekehrt – es sei denn, es sind erfolgreiche Frauen. Diese gehen vehement dazwischen, wie zum Beispiel Conny: „Frank, warum möchtest du nicht, dass ich ausrede? Hast du Angst, dass ich Recht haben könnte?" Daraufhin lachen alle Männer und Frank macht das nie wieder – er ist schließlich kein Masochist. Warum machen das nicht alle Frauen? Weil sie die Harmonie wahren wollen. Und nun sagen Sie selbst: Das, was Conny eben sagte, störte das die Harmonie? Nein, es förderte sie sogar! Selbst Frank musste dabei schmunzeln. Denn im Grunde wusste er: Sie hat ja Recht.

Heißt das umgekehrt, dass Sie auch wie ein Mann andere unterbrechen sollen? Sicher, warum nicht? Einen Mann auf jeden Fall – wenn er Unsinn redet. Bei einer Frau – da hat frau meist ein schlechtes Gefühl dabei. Achten Sie Ihre Gefühle.

Frauen fragen signifikant häufiger als Männer.

Sabrina zum Beispiel fragt mit treuherzigem Blick: „Wenn wir über 130 Einheiten absetzen – kommt da die Dispo noch nach?" Wie nett die Kleine doch fragt! Wie anständig und wohlerzogen! Man möchte ihr spontan ein Bonbon geben. Glücklicherweise sitzt Thea auch im Meeting. Thea ist fünf Jahre älter als Sabrina und eine „Klassefrau", wie die Männer in der Runde abends beim Pils schwärmen.

Thea lacht nur: „Natürlich kommt die Dispo nicht mehr nach! Das ist doch klar!" Das ist überhaupt nicht klar. Denn bislang musste die Dispo noch nie mehr als 90 Einheiten durchschleusen. Doch Thea weiß im Gegensatz zu Sabrina:

Fragen Sie nicht um den heißen Brei herum. Formulieren Sie Ihre Behauptungen auch als Behauptungen!

Was sagt Ihre Sprache über Sie aus? Was erreichen Sie mit Ihrer Wortwahl? Harmonie, gewiss. Aber was wollen Sie sonst noch erreichen? Welche Worte wahren die Harmonie und bewirken trotzdem das, was Sie außerdem noch bewirken wollen? Wie oft lassen Sie sich unterbrechen? Wehren Sie sich dagegen? Erfolgreich? Fragen Sie zu viel?

Verhandeln Sie!

 Bleiben wir bei Sabrina. Sie macht den Vorschlag, die offensichtlich überlastete Disposition mit einer neuen Auftragsabwicklungs-Software auszustatten, die nachweislich eine Kapazitätserweiterung um 50 bis 200 Prozent bewirken kann. Alle nicken zustimmend. Nach drei Wochen hat Sabrina noch immer nichts von ihrem Vorschlag gehört. Zu Thea sagt sie: „Hm, so gut war mein Vorschlag wohl doch nicht. Sonst hätte sich doch der Kommissionär darum gekümmert, der in unserem Meeting auch dabei war." Thea lacht, bis ihr die Tränen kommen, und meint: „Bina, Darling, du bist das Beste, was mir in diesem Laden passiert ist. Du bringst mich doch immer wieder zum Lachen!" Sabrina nimmt es mit Humor: Thea ist ihre Mentorin. Im nächsten Meeting macht Thea vor, wie man eigene Ideen weiterverfolgt:

❑ Sie verleiht dem Vorschlag *Nachdruck*: „Was ist denn nun? Wollen wir die Dispo-Software oder nicht?"

❑ Sie *besteht* auf eine Diskussion, als der Vertriebsleiter abwiegeln will: „Wir haben jetzt Wichtigeres zu besprechen!" Thea: „Was? Wichtiger, als Ihr Vertriebsziel von 130 Einheiten zu erreichen? Lieber Kollege, wenn die Dispo die 130 nicht schafft, können Ihre Verkäufer auch nicht verkaufen!"

❏ Sie *beobachtet* die Reaktionen der Gesprächspartner: Der Vertriebsleiter scheint immerhin zu zögern und alle anderen sind anscheinend auf ihrer Seite. Also besteht sie weiter auf einer Diskussion – sie hätte die Diskussion genauso schnell fallen gelassen, wenn sie eine überwältigende Opposition erkannt hätte.

❏ Sie *verhandelt* über die Realisierung: „Okay, dann brauche ich – was war das noch, Sabrina? – 15 000 für das System und nochmals 15 000 für die Implementierung mit Schulung, Umorganisation und so weiter. Für die Hardware reichen mir 10 000." Nach zehn Minuten knallhartem Austausch kriegt sie von den geforderten 40 000 tatsächlich 30 000 Euro bewilligt. Thea: „Das reicht locker. Ich hätte auch schon bei 25 000 okay gesagt."

❏ Sie *verfolgt* ihren Vorschlag bis zum Ende. Außerdem delegiert sie: „Alle einverstanden, wenn Sabrina das Projekt leitet? Okay. Sabrina: Jeden Donnerstag, acht Uhr, bei mir Projektbesprechung, einverstanden?"

❏ Sabrina ist beeindruckt. Das war vor drei Jahren. Heute ist sie Leiterin der Dispo-Abteilung: Das kleine Projekt damals war ein Brückenkopf-Projekt. Da sie quasi die Einzige ist, welche die neue Software „voll blickt", hat sie fast automatisch den in Pension gehenden Dispo-Leiter abgelöst.

Wie verhandlungsstark sind Sie? Geben Sie zu schnell auf? Oder bleiben Sie an Ihren Vorschlägen dran? Finden Sie oft keine Worte? Dann suchen Sie welche und nehmen Sie einen neuen Anlauf.

Die Körpersprache des Erfolgs

Erfolgreiche Frauen kommunizieren anders. Thea zum Beispiel kommt – bis auf den „Casual Friday" (den Freitag, an dem alle Mitarbeiter etwas lockerer gekleidet erscheinen dürfen) – immer im Kostüm oder etwas Vergleichbarem.

Körpersprache ist die wichtigere Kommunikation

Männern fällt es leichter, über Sabrina buchstäblich hinwegzusehen, weil sie immer noch Jeans und im Sommer Shorts trägt. Sieht zwar gut aus, aber verschafft keinen Respekt. Es gibt auch sexy Bürokostüme. Frau muss sie nur im Kleiderschrank haben. Sabrina schaut in Meetings hauptsächlich auf ihre Mitschrift. Thea hält fast dauernd Blickkontakt mit den Beteiligten. Sabrina lächelt wie das nette Mädchen von nebenan: fast ständig. Wenn Thea den Kopf senkt und einen Mann über ihre Halbglas-Brille fixiert, schluckt dieser erst einmal. Wenn er dann die richtige Antwort gibt und sie ihn mit einem bewusst eingesetzten Lächeln belohnt, atmet er auf.

Erfolgreiche Frauen setzen ihre Körpersprache so ein, dass sie das bewirkt, was sie haben wollen

Auch Gestik und Körperhaltung sind Körpersignale. Setzen Sie sie klug ein. Wie das geht, können Sie in einem guten Buch über berufsbezogene Körpersprache nachlesen, zum Beispiel „Körpersprache für freche Frauen". Die Autorin des Buches wird Ihnen bekannt vorkommen; es wurde von mir geschrieben. Oder besuchen Sie ein gutes Seminar zum Thema Körpersprache. Aber berufs- oder zumindest erfolgsbezogen sollte es schon sein.

Was sagt Ihre Körpersprache, was sagen Ihre Kleidung, Ihr Schmuck, Ihr Make-up, Ihr Parfüm, Ihre Accessoires, Ihre Schuhe, Ihre Haltung, Ihr Auftreten, Ihre Mimik und Ihre Gestik über Sie aus? Welchen Gesamteindruck vermitteln Sie in welchen Situationen? Wenn Sie sich so im Spiegel sehen – was würde ein Außenstehender, ein Kollege, ein Vorgesetzter zu dieser Erscheinung sagen? Ist dieser Eindruck Ihren Wünschen und Zielen förderlich? Wenn nicht – welchen Eindruck möchten Sie erwecken? Wie und womit können Sie diesen erreichen?

Das Gesprächsverhalten erfolgreicher Frauen

Weniger erfolgreiche Frauen sind eher stille Mauerblümchen. Erfolgreiche Frauen ergreifen das Wort – auch ohne Aufforderung. Sie sagen, was sie denken.

Hört sich einfach an? Langsam sollten Sie es wissen: Einfach ja, aber nicht leicht.

 Alexa ist neu im Unternehmen. Sie ist Marketingleiterin. Als sie den Controllingleiter zum ersten Mal spricht, sagt sie: „Übrigens, beim Controlling der Kampagnen habe ich einige Dinge entdeckt, die man durchaus besser machen könnte." Darauf der Controller: „Ach ja? Wie lange sind Sie jetzt im Betrieb? Drei Monate? Und Sie wollen mir sagen, wie ich meinen Job zu erledigen habe?" Alexa redet im nächsten Halbjahr keinen Ton mehr mit diesem eingebildeten Kerl.

Tipp Sagen Sie, was Sie denken. Aber gestehen Sie auch dem anderen zu, zu sagen, was er denkt. Und: Reden Sie darüber!

Frauen sind unglaublich schnell eingeschnappt. Gerade an Alexa merkt der Controllingleiter und über ihn alle anderen der Führungsmannschaft: Alexa kommt es gar nicht auf das Thema, die sachliche Verbesserung an. Denn sonst „hätte sie insistiert", hätte ihren Vorschlag verteidigt. Doch auf den Vorschlag kam es ihr gar nicht so sehr an. Nein, sie wollte eigentlich in erster Linie gemocht werden. Sie brachte dem Controllingleiter ein Gastgeschenk für Gutwetter mit, und als dieser es abwies, zog sie schmollend von dannen. Sie wollte Anerkennung für ihre gute Idee wie jedes brave Mädchen. Das ist jedem Außenstehenden auf den ersten Blick klar. Nur Alexa nicht.

Leider hat sie als Marketingchefin keine beste Freundin, die ihr das sagen kann. Sie muss selber draufkommen. Das ist sehr schwer. Das gelingt nur mit Eigenreflexion. Die ist nicht angeboren. Führungskräfte erwerben sie zum Beispiel auf General-Management-Trainings. Höchste Zeit, dass Alexa eines besucht – oder sich schnell einen Mentor sucht.

Noch so eine schädliche Gesprächstaktik: Viele Frauen widersprechen einem Kollegen nicht, der Unsinn redet, sondern bügeln den Unsinn danach stillschweigend aus. Folge: Der Kollege erntet fälschlicherweise die Lorbeeren und gewöhnt sich auch noch an die stille Feuerwehr – die Frau hat die Arbeit und den Undank. Denn nicht selten wird sie von höherer Stelle gefragt: „Was tun Sie eigentlich im Team?" „Die Fehler der anderen ausbügeln" ist da keine befriedigende Antwort. Denn ein Mann versteht nicht, warum man das stillschweigend tun würde.

Müssen Sie deshalb einem Unsinn redenden Kollegen in die Parade fahren? Wie kommen Sie nur auf solche Ideen? Nein, frau kann Dinge auch konziliant richtigstellen. Zum Beispiel mit klugen Fragen: „Thomas, habe ich Sie richtig verstanden? Wenn wir den Preis für die Einzelstücke anheben, ist der Gewinn über den höheren Preis größer als der Verlust durch die Abwanderung vieler Kunden, welche den Preis nicht bezahlen können?" Darauf stellt es sich schnell heraus, ob der Kollege sich bei seinem Vorschlag etwas gedacht hat oder nicht. Sie können das Ganze auch als Behauptung (s.o.) formulieren – je nachdem, was Sie sich zutrauen: „Was Thomas da vorschlägt, halte ich für eine gute Idee zur Umsatzsteigerung. Wir sollten lediglich ganz sicher sein, dass wir nicht mehr Kunden verlieren, als die Preissteigerung wettmachen kann – sonst geht das nämlich voll in die Hose."

Was am Gesprächsverhalten erfolgreicher Frauen besonders auffällt: Sie reden auch über ihre Erwartungen und Bedürfnisse.

Dinge konziliant richtigstellen

❑   „Tut mir leid, aber das habe ich mir etwas anders vorgestellt."
❑   „Ein guter Vorschlag. Leider kommt meine Gruppe dabei zu kurz."

❏   „Gute Idee – wenn ich sie nicht bezahlen müsste."

Gut, dazu gehört Selbstvertrauen. Aber wie Sie Ihres stärken, wissen Sie inzwischen (s.o.).

Führen Sie innere Dialoge!

Natürlich machen es Männer Frauen nicht unbedingt leicht – aber sie machen es auch Männern nicht leicht, vorwärtszukommen. Das ist ein Grund, weshalb Frauen es nicht so weit bringen, wie sie es sich wünschen: Wo eine Frau hin will, steht oft schon ein Mann. Der andere Grund ist, dass Frauen sich oft selbst im Wege stehen. Genauer: Ihr Kopf oder ihr Bauch sabotieren sie. Denn er produziert die falschen Gedanken oder Gefühle. Betrachten wir typische Beispiele, in denen der Kopf versagt.

Wo eine Frau hin will, steht oft schon ein Mann

Eine überaus lästige Aufgabe steht zur Vergabe an. Männer denken „Nicht auch das noch! Ich habe schon genug zu tun!" und sagen: „Würde ich echt gerne machen, aber Sie wissen ja, die Meier-Angelegenheit; topwichtig, super brisant – da stecke ich leider noch einige Tage drin fest!" Frauen würden das zwar auch gerne sagen, doch bevor es der Mund tun kann, funken Bauch oder Kopf dazwischen: „Wenn du das jetzt ablehnst, meinen doch alle gleich, du denkst nur an dich oder bist überfordert!" Die Folge dieser Gedanken: Eigentor. Frau übernimmt einen Blödjob, während die Männer vorankommen. Und nun das Erstaunliche:

> Selbst im Kopf von sehr erfolgreichen Frauen spuken diese defätistischen Gedanken herum.

Erfolgreiche Frauen haben nicht weniger dieser hinderlichen Gedanken – sie werden lediglich besser damit fertig. Das heißt, sie glauben nicht blind dieser einen Stimme im Kopf, sondern hören auch ganz bewusst auf die Stimme der Vernunft: „Sag zumindest

die Wahrheit. Das bist du dir schuldig. Und die Wahrheit ist nicht, dass du überfordert bist. Die Wahrheit ist: Was will der Chef von dir haben? Diesen neuen Blödjob oder die anderen fünf Aufgaben, die er dir reingedrückt hat? Frag ihn das doch einfach."

 Tipp Suchen, finden, stärken und trainieren Sie in sich bei jeder Gelegenheit die Stimme der Vernunft.

Auch jetzt. Was sagen Ihre Gedanken? Bestimmt so etwas wie: „Hört sich einfach an, aber ist bestimmt nicht so einfach." Dann nehmen Sie an dieser Stelle das Dialogangebot an: „Mach doch keine Vorverurteilungen. Probier es doch wenigstens mal. Rom wurde nicht an einem Tag erbaut." Was sagt darauf die skeptische Stimme in Ihnen? Was erwidert die Stimme der Vernunft?

 Eine der herausragenden Fähigkeiten erfolgreicher Frauen ist der innere Dialog.

Stolpersteine im Kopf	
Sabotage-Gedanken	**Stimme der Vernunft**
„Sag jetzt lieber nichts. Hör auf die anderen. Die haben mehr Erfahrung."	„Ich mach den Mund auf. Aber ich akzeptiere auch, dass ich mich irren könnte. Dann bedanke ich mich einfach für das Feedback."
„Ich halte lieber den Mund. Sonst bringe ich die Kollegen gegen mich auf."	„Das glaube ich nicht. Und wenn, dann setze ich mich mit ihren Bedenken freundlich und kompetent auseinander. Schließlich sind sie nicht gegen mich, sondern gegen einen meiner Vorschläge. Das ist ein Unterschied."

Stolpersteine im Kopf	
Sabotage-Gedanken	**Stimme der Vernunft**
„Ich beschwere mich nicht. Dass ich das nicht okay finde, merkt der Chef auch so."	„Aha, jetzt ist der Chef also auch noch Telepath. Gut, er ist ein Choleriker. Aber wenn ich eine Ich-Botschaft sende, hat er keinen Anlass, cholerisch zu werden."
„Ich bin stinksauer. Aber wenn ich etwas sage, heißt es gleich, ich zicke rum oder sei hysterisch."	„Ich bin ein großes Mädchen und habe inzwischen gelernt, wie ich Feedback gebe, ohne zickig oder hysterisch zu klingen."
„Das kann ich nicht! Bestimmt stottere ich jetzt gleich oder werfe etwas runter!"	„Gut, die Sache ist neu für mich. Aber wie viele neue Sachen habe ich nicht schon geschaukelt? Und was ist dabei passiert? Nie etwas wirklich Schlimmes. Also kann ich ganz locker drangehen."
„Das kann ich ihm nicht zumuten. Das lehnt er garantiert ab!"	„Ich gestehe mir das Recht zu, Vorschläge zu machen. Ich gestehe ihm das Recht zu, sie nicht zu akzeptieren. Denn er lehnt höchstens meinen Vorschlag ab, nicht mich. Das kann ich voneinander trennen."
„Ich sage lieber nichts. Sonst heißt es noch, ich will mich in den Vordergrund drängen."	„Wenn ich eine gute Leistung bringe, dann darf ich auch stolz darauf sein. Alles andere ist pervers."

Stolpersteine im Kopf	
Sabotage-Gedanken	**Stimme der Vernunft**
„Bevor es deswegen Ärger gibt, mache ich es doch lieber selber."	„Wir sind alle erwachsene Leute. Wenn es ihm nicht passt, reden wir darüber. Aber ich bin nicht seine Erfüllungsgehilfin!"
„Meine Idee wird sicher nicht angenommen."	„Diese Befürchtung entbindet mich nicht von der Pflicht, es wenigstens zu versuchen. Das bin ich der Idee und mir selbst schuldig."
„Ich möchte nicht als Emanze erscheinen, ich trete liebe etwas leiser."	„Wie schon Laotse sagte: Wer sich nach dem Urteil der Welt richtet, schüttet Wasser in ein Sieb."
„Die akzeptieren bestimmt keine Frau als Vorgesetzte."	„Ist das eine Tatsache oder eine Angst? Komme ich tatsächlich so schlecht mit Menschen zurecht? Nein, sicher nicht. Ich kann Vorbehalte gut überwinden."
„Die sind alle so gemein zu mir."	„Tatsächlich nur zu mir? Nein, die sind immer so, wenn sie wütend sind. Also gehe ich einfach darauf ein. Aber eine Ich-Botschaft gebe ich auf jeden Fall vorneweg."

Rechnen Sie mit der Unternehmenspolitik

Lara ist außer sich: „Warum führen diese Betonköpfe da oben nicht endlich ein ordentliches Simulations-Planverfahren ein?"

 Männer arrangieren sich mit internen Missständen. Frauen kündigen.

Das ist eine Möglichkeit. Eine andere ist, sich mit offensichtlich irrationalem Verhalten von Managern (davon gibt es eine Menge) etwas intelligenter auseinanderzusetzen. Sich zum Beispiel die Frage zu stellen:
Warum machen Manager die Dummheiten, die sie machen?
Dann stellt sich nämlich schnell heraus: wegen der versteckten **Invented here** Unternehmenspolitik. Viele Unternehmen verfolgen zum Beispiel die Innovationspolitik: Invented here – zu deutsch: Im eigenen Unternehmen gelten die besten Ideen nichts. Also muss man seine Idee einfach einem der ständig durchs Haus schwebenden externen Unternehmensberater stecken, damit sie oben Anklang findet. Andere Unternehmen verfolgen die Komplementärpolitik: Not **Not invented here** invented here: Wir haben das nicht selbst erfunden, also kann es auch nichts sein. Also muss man nur dafür sorgen, dass die Idee von einem Mastermind im Unternehmen aufgenommen wird.
So einfach ist das, wenn man die versteckte Unternehmenspolitik erkennt und sie nutzt. Was stört Sie an und in Ihrem Unternehmen? Welche versteckte Politik steckt dahinter? Wie werden Sie diese für sich nutzen? Wann?

Checkliste: Acht Erfolgsstrategien

- ❑ Seien Sie präsent und machen Sie Eigen-PR.

- ❑ Trauen Sie sich die Erfüllung Ihrer Wünsche zu.

- ❑ Pflegen Sie ein zielorientiertes Netzwerk.

- ❑ Suchen Sie sich Mentoren.

- ❑ Lernen Sie, mit Rückschlägen konstruktiv umzugehen.

- ❑ Sprechen Sie so, dass Sie damit die Wirkung erzielen, die Sie wünschen.

- ❑ Werden Sie eine Meisterin des inneren Dialogs.

- ❑ Beobachten Sie die versteckte Unternehmenspolitik.

14 Die Spiele der Männer

Bring die Neue zum Heulen!

z.B. Senta ist 32 Jahre und die neue Leiterin der Personalentwicklung bei einem Pharma-Unternehmen. In einer Besprechung mit der Geschäftsleitung legt sie die strategische Ausrichtung ihrer künftigen Arbeit fest. Alles läuft gut – eine halbe Stunde. Danach sagt der Finanzvorstand plötzlich: „Alles schön und gut, aber ich sehe nicht ein, warum wir dafür jährlich fünf Millionen hinblättern sollen."
Von da an geht es zur Sache. Der Marketingleiter sagt: „Seien Sie mir nicht böse, aber Sie sind einfach viel zu jung, um die Strategien an der Basis zu verankern – unsere Bereichsleiter könnten ja alle Ihre Väter sein!" Der Geschäftsleiter sagt: „Hm, das alles scheint mir doch sehr unausgegoren zu sein."
Am Abend ruft Senta nach dem dritten Cinzano völlig aufgelöst ihren Mentor an und sagt: „Das ist der schwärzeste Tag meines Lebens!" Der Mentor lacht nur und meint:
„Im Gegenteil – das war Ihr bislang größter Erfolg. Und Sie merken das noch nicht einmal!"
„Wieso? Ich habe mir die letzte Stunde des Gesprächs nur noch überlegt, ob ich rauslaufen und die Tür knallen soll."
„Sie haben es nicht getan – das ist Ihr Erfolg."
„Aber ich habe die ganze Zeit mit den Tränen gekämpft! Die waren alle so hundsgemein zu mir!"
„Und? Haben Sie geheult?"
„Nein. Erst in meinem Büro."

„Gratuliere. Ich verstehe nicht, warum Sie nicht stolz auf sich sind."

„Aber die haben meine Ideen in der Luft zerrissen. Die werden mich feuern!"

„Irrtum, meine Liebe. Wenn Sie das *nicht* getan hätten, würden Sie sie feuern."

„Das verstehe ich nicht."

„Weil Sie Männer nicht verstehen. Jetzt leben und arbeiten Sie schon so lange mit Männern zusammen und haben noch immer nicht den grundlegendsten Verhaltensparameter verstanden: Männer sind große Jungs. Und bevor einer in die Gruppe aufgenommen wird, muss er beweisen, dass er weiter pinkeln kann als die anderen. Er muss eine Mutprobe ablegen."

„Aber ich bin eine Frau."

„Deshalb ist es eine umso größere Auszeichnung, dass Sie die Geschäftsleitung nicht als Frau behandelt. Sonst hätten die Sie niemals so hart angepackt. Frauen packt man nicht hart an."

„Aber wozu war das Ganze denn gut?"

„Es war ein Spiel. Jungs spielen gerne Spiele. Und eines heißt: Wie viel kann sie vertragen? Das ist beim Trinken und Prahlen genauso. Das Spiel heute lautete ganz offensichtlich: Bring die Neue zum Heulen! Sie haben nicht geheult. Also haben Sie das Spiel gewonnen. Und wenn Sie jetzt nicht augenblicklich diesen Sieg feiern, eine Flasche Schampus köpfen oder Ihren Freund ins beste Restaurant der Stadt einladen, bin ich ernsthaft sauer auf Sie!"

„Das hört sich alles völlig unlogisch für mich an."

„Sie müssen mir nicht glauben. Beobachten Sie einfach die Mitglieder der Geschäftsleitung: Ab morgen werden diese Sie wie eine von ihnen behandeln."

Und genau das tun sie seither. Weil die Neue die Feuertaufe bestanden, das Aufnahmeritual absolviert hat. Mit diesem Spiel muss jeder Neue in einer Position rechnen. Doch nur Frauen erschrecken darüber. Das ist ihr Manko.

 Männer veranstalten gerne Mutproben, Initiationsrituale, mentales Armdrücken und Machtspiele. Spielen Sie mit.

Wer mitspielt, kann auch gewinnen. Wer nicht mitspielt, kann nur verlieren. Frauen verstehen diese Spiele meist falsch: Sie glauben, die Männer wollen sie damit verletzen, herabsetzen, erniedrigen. Das ist falsch. Männer wollen damit testen, sich vergleichen, sich messen. Dabei wird nur gebellt, selten gebissen: Wer nicht zurückbellt, ist ein Weichei. Das zeigt auch die Sprache der Männer. In einigen Regionen Deutschlands ist zum Beispiel eine stehende Redewendung: „Mädel hier nicht rum!" Will heißen: Kneif nicht – das tun nur Mädchen.

 Setzen Sie sich konstruktiv mit Bürospielen auseinander – Davonlaufen ist wenig konstruktiv.

Sie können sich mit diesen Spielen auseinandersetzen, wie Sie wollen. Sie können Männer darauf aufmerksam machen, wie dumm das Spiel ist, Sie können sie mit den eigenen Waffen schlagen – aber Weglaufen, Schmollen oder Heulen sind sicher keine Arten der Auseinandersetzung, die Sie weiterbringen werden. Und noch eines: Wenn Sie weglaufen, werden Sie sich danach hassen. Den Jungs die Stirn zu bieten kostet zwar Überwindung – doch wenn sich danach die erste Aufregung legt, fühlen Sie sich wie Toni, der Kellogg's-Tiger: einfach großartig!

Männer denken statusorientiert

 Erika ist Projektleiterin für ein kleines Reorganisations-projekt. Seit Tagen verhandelt sie mit einem Großunter-nehmen über eine spezielle Nutzungslizenz. Seit Tagen stecken die Verhandlungen fest. Erika ist nicht dumm. Sie hat für diese Fälle einen Mentor im Hintergrund. Dieser greift eines Tages zum Telefonhörer und blafft Erikas Verhandlungspartner kurz an: „Sagen Sie mal, mein Lieber, seit Tagen drehen wir uns im Kreis. Sie sagen mir jetzt, warum das nicht weitergeht, oder ich sage Ihrem Vorgesetzten, dass Sie aktive Umsatzverwei-gerung betreiben. Welches Schweinderl hätten'S denn gern?" Daraufhin kommt heraus, dass der Partner überhaupt nicht in dieser Frage entscheiden darf. Erika hat tagelang mit dem Falschen verhandelt!

 Männer sind zwar auch an der Sache interessiert. Sie sind aber noch mehr an ihrem Status interessiert.

Treffen beide Interessen zusammen, verliert meist die Sache. Männer denken dann oft (ganz unbewusst): „Lieber nimmt die Sache Schaden, als dass ich das Gesicht verliere!" Erikas Verhand-lungspartner hätte lediglich sagen müssen: „Tut mir leid, das kann ich nicht entscheiden!" Doch das hätte für ihn so geklungen wie: „Ich bin nur ein armes Würstchen!" Selbst wenn er das ist – es vor einer Frau zuzugeben? Das geht doch nicht.

 Rechnen Sie also nicht mit Fairness, sondern damit, dass Männer unter allen Umständen ihr Gesicht wahren wollen.

Wenn Sie es schaffen, dem Mann glaubhaft darzulegen, dass er die Sachfrage ruhig zu Ihren Gunsten entscheiden kann, *ohne sein Gesicht, seinen Status, sein Image zu verlieren*, verschwindet die Gesprächsblockade.

„Männer sind rücksichtslos"

Das stimmt zwar nicht in der suggerierten Absolutheit, doch das geben überraschend viele Frauen im Berufsleben als Begründung an, wenn ihre Leistung mit der von Männern verglichen wird und sie dabei den Kürzeren ziehen. In der Tat können Sie im Berufsalltag viele kleine, signifikante Verhaltensunterschiede beobachten, deren Summe man mangels eines besseren Begriffs durchaus als Rücksichtslosigkeit bezeichnen könnte. Oder wie es eine Seminarteilnehmerin formulierte: „Männer sind Egoisten!" Frauen sind das oft auch. Doch lassen wir einfach die erwähnten Verhaltensunterschiede für sich sprechen. Die Frage ist nicht, wie Sie das nennen, was Männer da tun. Die Frage ist: Wie gehen Sie damit um?

Der kleine Unterschied	
Männer	**Frauen**
stellen sich gern selbst dar.	verzichten weitgehend auf Selbstdarstellung.
unterbrechen andere.	lassen andere ausreden.
ignorieren, was andere sagen.	nehmen vorangegangene Gesprächsbeiträge auf.
finden das Haar in der Suppe und machen damit den kompletten Beitrag des anderen schlecht.	geben anderen verbale und nonverbale Unterstützung im Gespräch.
setzen Ironie, Zynik, Sarkasmus und Polemik ein.	kommunizieren wertschätzend.

Der kleine Unterschied	
Männer	**Frauen**
werden schnell persönlich.	respektieren Person und Gefühle anderer.
wechseln grundlos das Thema.	diskutieren Themen aus.

Es liegt auf der Hand, welches Verhalten sich eher durchsetzt. Die Frage ist: Was tun? Eigentlich nur eines: damit rechnen. Denn das tun wir oft nicht. Wir empören uns darüber, wie unhöflich und sachfremd Männer diskutieren, anstatt damit zu rechnen und zu moderieren:

- ❑ „Könnten wir wieder über unser eigentliches Thema reden?"
- ❑ „Du wirst persönlich – sind dir die Argumente ausgegangen?"
- ❑ „Nicht in diesem Ton, mein Lieber. Ich kann auch anders."

Was ebenfalls funktioniert: mit gleicher Münze zurückzahlen. Wenn es hart auf hart geht, können Frauen nämlich immer noch eine Ecke zynischer und verletzender werden als Männer – zumindest gegenüber Frauen. Also können wir dieses Talent auch gegenüber Männern einsetzen.

Männer und die Doppelmoral

 Der Vorstandsvorsitzende eines deutschen Konzerns sagt vor 200 seiner Führungskräfte: „Bitte tragen Sie Ihre Kritik jederzeit mutig vor. Wir müssen auch schlechte Nachrichten ertragen können." Als Yvonne ihm drei Tage später mitteilt, dass ihr Projekt drei Wochen Verspätung hat, rastet der Vorstand aus: „Wie kann das denn passieren? Wissen Sie nicht, wie wichtig dieser Auftrag für uns ist?" Yvonne hält mit Mühe die Tränen zurück – sie ist damit erfolgreicher als mancher Kollege. Denn dieser Vorstand ist bekannt dafür, dass er ausgewachsene Bereichsleiter zum Heulen bringt.

 Unterstellen Sie bei Äußerungen mit gewichtigen Folgen (für Sie!) vorsichtshalber, dass Männer nicht immer das meinen, was sie sagen. Fragen Sie sich lieber: Was sagt er? Und was meint er damit?

Diese Doppeldeutigkeit hat noch nicht einmal etwas mit Lüge zu tun. Für Männer ist dieses Doppelmoral-Verhalten durchaus rational. Tatsächlich ist der Vorstand nicht dumm. Auf einem Führungsnachwuchs-Meeting geht er sogar explizit auf das Thema ein und sagt: „Natürlich rufe ich Sie dazu auf, mir auch schlechte Nachrichten zu sagen. Aber genauso natürlich sollten Sie nicht damit rechnen, dass ich Ihnen dann um den Hals falle. Auch ich ernte keinen Applaus, wenn ich unseren Aktionären und dem Aufsichtsrat mitteilen muss, dass wir unsere Gewinnziele nicht erreichen. Auch ich kriege dabei Schläge ab. Ich werde mich nicht freuen, wenn Sie mir Schlechtes melden. Aber ich werde Sie für Ihren Mut und Ihre Aufrichtigkeit respektieren."

Worauf eine Junior-Managerin tuschelt: „Auf seinen Respekt kann ich verzichten, nachdem er mich angebrüllt hat." Mag sein, doch die Botschaft enthält einen wertvollen Hinweis:

 Tipp Rechnen Sie nicht damit, dass ein Mann sein Wort hält. Rechnen Sie damit, dass er sich den Umständen entsprechend verhält.

Ein Mann, ein Wort? Ein altes Sprichwort lautet: Ein Mann, ein Wort. Schön wär's ja. Klüger ist es jedoch, wenn Sie Äußerungen von Männern nicht für bare Münze nehmen, sondern auf ihren Wahrheitsgehalt abklopfen. Wenn Sie zum Beispiel einem Vorgesetzten, der Sie zu Feedback aufforderte, Feedback geben und dieser Sie dafür bestraft, dann bedeutet das nur eines: Sie haben nicht mitgedacht. Sie haben die Männersprache nicht ins Deutsche übersetzt.

Männersprache übersetzen	
Wenn ein Mann sagt:	**... bedeutet das:**
„Geben Sie mir schonungslos Feedback!"	„Geben Sie mir nur Feedback, wenn es gutes ist." Wenn es schlechtes ist, müssen Sie es exzellent verpacken und sich darauf gefasst machen, dass er bockt wie ein kleiner Junge.
„Zeigen Sie mehr Biss!"	„Aber niemals mir gegenüber. Machen Sie Mitarbeiter und Kunden zur Sau." Tun Sie es nicht – aber berichten Sie ihm, als ob Sie es täten.
„Die Mitarbeiter sind unser wichtigstes Kapital."	„Mitarbeiter sind ein Kostenfaktor." Tun Sie, was er nicht tut – aber korrigieren Sie ihn nicht.

Männersprache übersetzen	
Wenn ein Mann sagt:	**... bedeutet das:**
„Ich führe partizipativ und teamorientiert."	„So partizipativ wie Attila, der Hunne." Lassen Sie Klein-Mäxchen in seinem kindlichen Glauben. Kinder weinen, wenn man ihnen den Glauben an den Weihnachtsmann nimmt.
„Sie können jederzeit zu mir kommen."	„... solange Sie gute Nachrichten bringen."
„Der beste Bewerber bekommt den Posten."	„Findet gefälligst meine wahren Beförderungskriterien heraus."
„Ich sage immer, was ich denke."	„Hört nicht darauf, was ich sage. Findet lieber heraus, was ich denke."
„Manager müssen zielorientiert denken!"	„Alle außer mir und meinen Günstlingen."
„Es zählt nur Leistung."	„Es zählt nur Selbstdarstellung und die Unternehmenspolitik."

Diese Doppelmoral ist nur schlimm, wenn Sie von ihr überrascht werden und sich dann moralisch empören. Wenn ein Fünfjähriger sagt: „Aber ich kann bestimmt schon Autofahren!", glauben Sie es ja auch nicht. Behandeln Sie in dieser Hinsicht Männer, und vor allem Manager und Vorgesetzte, wie Fünfjährige. Das schadet nie. Entweder es stellt sich heraus, dass er geistig nicht mehr fünf ist (sondern 15) – dann können Sie nahtlos einen Gang höher schalten. Oder es stellt sich heraus, dass er tatsächlich noch fünf ist – dann haben Sie nichts falsch gemacht.

Die Tricks der Frauen

Sie kennen die Waffen einer Frau, Sie kennen die weiblichen Tricks: Setzen Sie diese ein!

Natürlich denken wir dabei meist zuerst an den Sexappeal – doch fühlen Sie sich bloß nicht unter Druck gesetzt: Setzen Sie davon einfach nur so viel ein, wie Sie sich selbst zutrauen. Auf gar keinen Fall mehr – auch wenn es mehr nützen würde. Das mag sein, doch wenn Sie sich dafür einen abbrechen müssen, lohnt es nicht. Aber bedenken Sie:

 Setzen Sie Sexappeal niemals dauerhaft ein – sonst werden Sie nur noch als die Sexbombe vom Büro wahrgenommen.

Es sei denn, Sie möchten das. Wie bei allem gilt auch hier: Die Dosierung macht es. Sandra zum Beispiel schlägt in Besprechungen an taktischen Stellen die kurz berockten Beine übereinander: „Das bringt Vielredner aus dem Konzept – diese Atempause reicht mir, um meine Wortmeldung unterzubringen." Wir alle kennen diese Tricks, dazu muss ich nichts mehr sagen. Nur eines: Machen Sie sich deren Wirkung bewusst und setzen Sie sie zielorientiert ein.

Viele erfolgreiche Frauen setzen auch das Mütterliche gezielt ein.

 Samantha ist Europa-Chefin eines japanischen Elektro-Unternehmens und sich nicht zu schade, einem geknickten Mitarbeiter auch einmal die Hand auf die Hand, auf die Schulter oder den Oberarm zu legen: „Ich spüre dann seine Aufregung. Er spürt meine Ruhe. Das hilft in prekären Situationen schneller und besser als jedes Wort. Das melden mir die Leute auch zurück. Sie sagen: Bei Ihnen weiß ich wenigstens immer, dass Sie mir beistehen. Das stimmt ja auch: Ich stehe ihnen im wahrsten Sinne des Wortes bei."

Mutterinstinkt ist eine Führungsqualifikation. Nutzen Sie diese (wenn sie Ihnen liegt).

Erfolgreiche Frauen haben darüber hinaus noch andere Tricks auf Lager. Männer reagieren zum Beispiel ausgesprochen empfindlich auf weibliche Anspielungen auf ihre Potenz im weitesten Sinne:

- „Was Alex – du kriegst das nicht allein gestemmt?"
- „So ein großer Junge wie du und schafft noch nicht mal diese läppische Monatsquote?"
- „Du, das ist so einfach, das kann sogar eine Frau. Soll ich die Aufgabe einer Kollegin geben?"

Von einer Frau lässt sich das kein normaler Mann sagen – er legt los, um ihr das Gegenteil zu beweisen. Damit haben Sie erreicht, was Sie wollen. Danach kommt er wie ein braver Hund angerannt und bringt den Knochen. Loben Sie ihn, wie er es erwartet.

Noch besser wirkt Bewunderung. Wenn eine Frau einen Mann mit großen runden Augen anschaut und ihn gut findet, macht der Mann (fast) alles für sie. Edeltraud ist eine der besten Verkäuferinnen ihres Unternehmens, sie sagt: „Wenn ein Kunde hartnäckig ist, bewundere ich ihn einfach fünf Minuten. Natürlich hab ich mir vorher einige seiner Erfolge aufgeschrieben. Dann sage ich ihm, wie toll er das gemacht hat. Danach kippt er nicht um. Aber die Härte ist merklich raus aus dem Gespräch." Das ist eine Art Beißhemmung.

Wenn Sie einen Mann bewundern, wird er nicht beißen

Ein hochbrisanter weiblicher Trick ist die gespielte Naivität. Einem Mann würde man sagen: „Was? Das kapieren Sie nicht?" Einer Frau sagt man: „Darf ich Ihnen das mal erklären?" Und dann erklärt sich der Mann um Kopf und Kragen. Edeltraud sagt: „Lass einen Kunden nur lange genug einen strittigen Punkt erklären und er verhaspelt sich ganz sicher in seiner Argumentation. Dann erlöse ich ihn von seinem Leiden und frage ganz naiv nach dem

offensichtlichen Widerspruch, den er gerade selbst aufgeworfen hat."

Verwandt mit der Naivität ist die gespielte Hilflosigkeit: „Ach Frank, Frauen und Technik, du kennst das doch. Kannst nicht du die Tonerpatrone wechseln?" Nicht weil sie nichts von Technik verstünde, sondern weil frau sich dabei die Fingernägel ruiniert. Kaum ein Mann kann so eine Bitte abschlagen. Und das Schönste daran: Das kostet Sie lediglich ein gehauchtes „Danke" und ein freundliches Lächeln. Wenn Sie großzügig gestimmt sind, können Sie ja noch einen Augenaufschlag dazulegen. Das wirft den stärksten Mann um. Doch wie für alle Tricks, die wir eben betrachtet haben, gilt auch für diesen:

 Verwenden Sie nur Tricks, die Ihnen entsprechen.

Das heißt: Machen Sie nichts, was Sie normalerweise auch nicht machen würden. Bleiben Sie authentisch, kongruent, echt. Doch wenn Sie im Privatleben gerne mit einem Augenaufschlag (bestimmte) Männer verrückt machen – was spricht dagegen, es auch im Beruf zu tun?

Karrieredummheiten

Zugegeben, Männer können sich bei der Arbeit und anderswo recht fies verhalten. Das ist nicht schön. Noch viel weniger schön ist es jedoch, wenn man darauf reinfällt.

Claudia wurde als Vertriebsingenieurin eingestellt, weil ihr Unternehmen ein neues Geschäftsfeld eröffnen wollte. Sie sollte es leiten. Das ist drei Jahre her. Zuerst hat man sie darauf verwiesen, dass sie sich einarbeiten soll. Dann kam eine Reorganisation dazwischen. Zurzeit spielt ein Investitionspartner nicht mit. Claudia wechselt die Firma. Alle schlagen die Hände über dem Kopf zusammen: „Wie kannst du das tun! Das ist doch ein sicherer Job! Und so gut bezahlt! Und wenn sich das Ganze auch verzögert – das kommt doch alles noch!" Nein. Nein. Und nochmals nein.

 Männer spekulieren darauf, dass man Frauen endlos hinhalten kann. Spielen Sie nicht mit bei dieser Spekulation.

Setzen Sie den Zauderern ein Ultimatum. Sagen Sie freundlich, aber bestimmt: „Wenn ich bis zum ... keine Ergebnisse sehe, muss ich mir so meine Gedanken machen." Bleiben Sie dabei ganz unbestimmt. Verstreicht das Ultimatum, reden Sie nochmals mit den Verantwortlichen. Danach arbeiten Sie weiter, als wäre nichts geschehen – und wechseln den Arbeitgeber, sobald Sie eine Alternative gefunden haben.

Übrigens, Claudias Firma hat es nach fünf Jahren tatsächlich geschafft, das neue Geschäftsfeld zu eröffnen. Ärgert sich Claudia jetzt? Mitnichten. Denn als gute Netzwerkerin hat sie bereits mit ihrem Nachfolger gesprochen: „Der ist nach fünf Monaten schon am Ende mit den Nerven. Denn wenn ein Unternehmen etwas nicht auf die Reihe kriegt, ist das ein Dauerzustand. Die eiern wegen jeder kleinen Entscheidung wochenlang rum. Dem armen Kerl sind praktisch die Hände gebunden – aber die Verantwortung trägt er doch voll!"

Brigittes Vorgesetzter verlässt überraschend die Firma. Der Geschäftsführer kommt zu ihr: „Frau Hauser, bitte springen Sie in die Bresche. So auf die Schnelle finden wir doch keinen neuen Niederlassungsleiter. Natürlich sind Sie danach unsere erste Wahl, wenn der Posten neu ausgeschrieben wird." Brigitte erbarmt sich und übernimmt die Niederlassungsleitung – zusätzlich zu ihrer eigentlichen Arbeit als Kundenbetreuerin! Sie arbeitet ein Jahr lang praktisch 70 Stunden die Woche. Nach diesem Jahr wird ihr ohne jeden weiteren Kommentar eine neue Niederlassungsleiterin vor die Nase gesetzt. Obendrein wird noch von ihr verlangt, dass sie die Neue einarbeitet. Brigitte kocht zwar vor Wut, doch: „Was soll ich denn machen? Ich kann die Firma doch nicht hängen lassen und die Neue schon erst recht nicht. Die kann doch nichts dafür, dass die da oben ihr Wort nicht halten."

Glücklicherweise interveniert an diesem Punkt ihr außerbetrieblicher Mentor. Es ist ein alter Kollege, der inzwischen beim Mitbewerber arbeitet. Er sagt: „Du hast ausreichend Resturlaub und Überstunden. Du gehst morgen früh ins Büro, räumst alles aus, verabschiedest dich von niemandem und gibst auf dem Nachhauseweg beim nächsten Postamt deine Kündigung auf, Einschreiben mit Rückantwort. Denn wenn du das nicht tust, bist du in einem halben Jahr sowieso draußen. Erstens bist du beim Management unten durch: Du bist die Dumpfbacke, mit der man es machen kann. Und die Neue muss dich abschießen, weil du den Laden besser kennst als sie. Solange du dabei bist, bist du immer eine Bedrohung für sie."

Brigitte kann sich dazu nicht entschließen. Nicht sofort. Nach drei Monaten aber merkt sie, dass der Kollege Recht hat. Sie kündigt. Viele Frauen tun das nicht. Aus falsch verstandener Loyalität, gemischt mit einer Portion Opferhaltung und einer chronischen Unterschätzung der eigenen Chancen auf dem Arbeitsmarkt bleiben sie und begraben damit jede Hoffnung auf ein Vorwärtskommen. Denn wer befördert schon jemanden, der sich so unmenschlich behandeln lässt? Nein, jeder ist froh, dass man wieder eine Dumme gefunden hat, die sich auch weiterhin unmenschlich behandeln lässt.

 Wenn ein Mann in großen Dingen sein Wort bricht, müssen Sie gehen.

Denn sonst wird es immer schlimmer. Wenn Sie sich selbst nicht respektieren, werden es auch die anderen nicht mehr tun. Natürlich gehen Sie erst, wenn Sie einen neuen Job haben. So macht frau das: Für den alten Job arbeiten, während frau einen neuen sucht.

 Patrizia baut für ihr Unternehmen ein komplett neues Geschäftsfeld auf. Als sie es erschlossen hat, setzt man ihr einen Geschäftsfeldleiter vor die Nase: „Sie müssen das verstehen, Frau Zahner. Der neue Markt ist viel zu wichtig für uns. Und Sie haben ja nun noch keine so große Erfahrung wie der Kollege, der schon beim Mitbewerber bewiesen hat, dass er ein Geschäftsfeld leiten kann." Patrizia bekundet ihr Verständnis, feiert ihren Resturlaub ab und wechselt danach zur Konkurrenz. Denn bei dieser hat sie nun die besten Chancen. Immerhin hat sie ein neues Geschäftsfeld im Alleingang erschlossen! So ist das nun einmal im Management: Bei manchen Firmen zählen die Pioniere nichts, bei anderen gelten sie etwas. Glücklich, wer beides erkennen kann.

Checkliste: Tricksen Sie die Trickser aus

❑ Rechnen Sie als Neue im Job mit einer fiesen Feuertaufe.

❑ Unterstellen Sie Männern niemals Fairness oder guten Willen.

❑ Rechnen Sie damit, dass Männer rücksichtslos egoistisch agieren. Antizipieren Sie die entsprechenden Verhaltensweisen und setzen Sie sich mit ihnen konstruktiv auseinander.

❑ Männer lieben die Doppelmoral. Stellen Sie sich darauf ein.

❑ Lernen Sie, Männerlügen ins Deutsche zu übersetzen.

❑ Setzen Sie die Waffen einer Frau gezielt ein.

❑ Verfolgen Sie Ihre Wünsche nach einem Vorwärtskommen zielstrebig. Lassen Sie sich weder hinhalten noch für dumm verkaufen.

Erfolgsfaktor V:

Kontrolle und Kritik

15 Wer kontrolliert, führt

Die Kontroll-Lücke

Kontrolletti ist ein männlicher Begriff. Jeder kennt ihn, den Vorgesetzten, der null Freiraum lässt, der einem ständig über die Schulter schaut und schon beim kleinsten Fehler warnend den Zeigefinger hebt. Der Kontrolletti ist eine typisch männliche Rolle. Jeder Mann ist damit mehr oder weniger belastet. Warum? Weil die meisten Männer in Führungspositionen Kontrollverlust fürchten. Diese Furcht kompensieren sie mit übersteigertem Kontrollverhalten. Die entsprechend weibliche Rolle ist das exakte Gegenteil.

 Männer kontrollieren tendenziell zu viel, Frauen zu wenig.

Tatsächlich reagieren die meisten Frauen schon beim Lesen der Bezeichnung von Erfolgsfaktor V „Kontrolle und Kritik" mit negativen Assoziationen: Kontrolle ist etwas Unangenehmes, ja Böses! Weibliche Führungskräfte der unteren Ebenen lassen daher viel öfter und größere Versäumnisse und Fehler von Mitarbeitern und Kollegen durchgehen als ihre männlichen Kollegen. Mit fatalen Folgen für Karriere und Arbeitszufriedenheit: Jeder Geschäftsfuhrer macht natürlich seine Führungskräfte für die Fehler ihrer Mitarbeiter verantwortlich. Jede von uns, die schon einmal in einer Führungsposition war (also Mitarbeiter geführt hat) und mit etwas Eigenreflexion gesegnet ist, kennt den Grund für die weibliche Kontroll-Lücke: Frauen fürchten es, zu kontrollieren.

Die Furcht vor dem Kontrollieren

 Heidi ist Gruppenleiterin im Fertigungsbereich eines Gartengeräte-Herstellers. Sie sagt: „Natürlich kontrolliere ich zu wenig. Ich weiß einfach nicht, was ich sagen soll, wenn Mitarbeiter mir erwidern: ‚Aber das ist doch gar kein Fehler. Außerdem kann ich nichts dafür. Und sowieso haben Sie mir gesagt, dass ich es so machen soll!' Ich möchte einfach nicht als kleinliche Zimtzicke dastehen." Ihre Angst vor Zurückweisung sabotiert ihr Kontrollverhalten.

Seien Sie ehrlich mit sich selbst. Bringen Sie Ihre Angst an die Oberfläche Ihres Bewusstseins. Spricht man mit erfolgreichen Frauen, stellt sich heraus, dass diese nicht frei von Angst sind – sie setzen sich lediglich konstruktiv mit ihr auseinander.

 Machen Sie sich Ihre unbewusste Angst bewusst.

Heidi zum Beispiel macht das so: „Irgendwann habe ich mich gefragt: Was möchtest du denn mehr? Dass dich deine Mitarbeiter mögen oder dass sie tun, was nötig ist?" Allein durch diese bewusste Gegenüberstellung ergibt sich automatisch eine Werteordnung. Erfolgreiche Frauen zum Beispiel bewerten das Erreichen des Nötigen höher als die eigene Anerkennung.

 Entscheiden Sie sich, was Ihnen wichtiger ist: Dass Ihre Mitarbeiter Sie mögen oder dass sie tun, was nötig ist.

Heidi ging noch einen Schritt weiter: „Wer sagt denn, dass mich meine Mitarbeiter hassen, wenn ich sie kontrolliere? Nur weil männliche Kollegen es sich mit ihrer überzogenen Kontrolle bei den Mitarbeitern verscherzen, heißt das noch lange nicht, dass ich genauso beziehungsstörend kontrollieren muss. Sicher gibt es auch beziehungsfreundliche Arten der Kontrolle." Da hat sie Recht (s. nächster Abschnitt). Damit räumt sie mit einem grundlegenden Missverständnis auf, das hinter der Angst vor dem Kontrollieren steckt:

 Destruktive Kontrolle bedeutet Sympathieverlust. Konstruktive Kontrolle bedeutet Sympathiegewinn.

Machen Sie sich immer wieder klar, dass Sie durch Kontrolle nicht die Sympathie Ihrer Mitarbeiter verlieren, sondern steigern. Sofern Sie konstruktiv kontrollieren. Wie das geht, lesen Sie im Abschnitt „Konstruktive Kontrolle".

Checkliste: Angst vor dem Kontrollieren?

- ❑ Empfinden Sie beim Gedanken daran, Ihre Mitarbeiter zu kontrollieren, unangenehme Gefühle, Ängste?

- ❑ Wie stark sind diese Gefühle?

- ❑ In welchen Situationen treten sie auf?

- ❑ Versteckt sich Ihre Angst hinter Rationalisierungen wie „Man muss nicht immer alles kontrollieren!" oder „Ich lasse meinen Leuten eben Freiraum."?

Konstruktive Kontrolle

Wenn Sie richtig kontrollieren, werden Sie die Sympathie Ihrer Mitarbeiter nicht verlieren. Im Gegenteil. Sie werden sie steigern. Eine Kontrolle ist nicht automatisch ein Konflikt. Eine gute Kontrolle ist eine sehr harmonische Sache. Wie geht richtige Kontrolle? Betrachten wir ihre Merkmale an einer didaktisch überzeichneten Gegenüberstellung des typisch männlichen Kontrollverhaltens und des Kontrollverhaltens erfolgreicher Frauen in gehobenen Führungspositionen (Abteilungsleiterin und höher):

Vergleich Kontrollverhalten		
Merkmal	**Männer**	**Frauen**
Kontrollethos	„Man kann niemandem trauen!"	„Kontrolle ist Feedback zur Zielerreichung."
Zweck	Fehler aufdecken	Ziele erreichen
Selbstverständnis	Fehlersucher, Oberlehrer, Besserwisser	Ratgeberin, Coach, Prozessbetreuerin
Kontrolle ist erfolgreich, wenn …	… Fehler gefunden werden.	… ein Zielbeitrag geleistet wird.
Während Kontrollen wird geredet …	zu über 70 Prozent über Fehler, Schuldige, Ursachen.	zu 90 Prozent über Lösungen.
Kontrollhäufigkeit	ständig, auch überraschend	nach vereinbarten Reporting-Terminen
Art	Fremdkontrolle, auch heimlich	Fremdkontrolle immer offen, viel Freiraum für Selbstkontrolle

Vergleich Kontrollverhalten		
Merkmal	**Männer**	**Frauen**
Ausmaß	kleinliche Haarspalterei, auch das Wie wird kontrolliert	nur das Ergebnis interessiert, nicht wie der Mitarbeiter es erreichte
Sprachstil	Vorwürfe, Belehrungen, Ermahnungen	Anerkennung und Anregung
Verhalten	Vorgesetzter kehrt den Vorgesetzten raus.	partnerschaftlich, partizipativ
Wirkung	Mitarbeiter ist frustriert.	Mitarbeiter ist motiviert.

Und jetzt die schlechte Nachricht: Vielen Frauen fehlt schlicht das Know-how für eine korrekte Kontrolle. Das ist bedauerlich.

 Wer vorwärtskommen will, muss Kontrollkompetenz erwerben.

Zu dieser Kontrollkompetenz gehören die Fähigkeiten und Vorgehensweisen der rechten Tabellenspalte (s.o.). Dazu gehört aber auch, dass man richtig delegieren kann (s. Kapitel 6, Abschnitt „Die 4W-Delegation").

Kontrolle nur nach Delegation

Frauen haben auch deshalb große Probleme mit der Kontrolle, weil ihre Delegation und Führungskommunikation äußerst unklar sind. Erinnern Sie sich an das Beispiel aus Kapitel 6: „Vielleicht könnte irgendwer mal die Tonerkartusche wechseln", sagt die Vorgesetzte

zum Mitarbeiter. Der Mitarbeiter tut es nicht – Sie können sich das resultierende Kontrollgespräch lebhaft vorstellen:

„Aber ich habe Ihnen doch gesagt, dass Sie die Kartusche wechseln sollen!"

„Was? Sie haben nicht mich angesprochen, sondern das ganze Team. Die anderen haben das genauso versäumt!"

Klingelt's? Dass Frauen sich vor negativen Äußerungen in Kontrollgesprächen fürchten, ist durchaus berechtigt. Denn ihre Delegation und Kommunikation sind meist so ungenau, dass die Vorwürfe der Mitarbeiter zumindest teilweise gerechtfertigt sind.

 Erst eine komplette 4W-Delegation macht Kontrolle möglich.

Wenn Ihre Mitarbeiter nicht genau wissen, was Sie von ihnen erwarten, können Sie sie auch nicht erfolgreich kontrollieren. Schlimmer: Dann wird jede Kontrolle zur Katastrophe, die Sie aus gutem Grund fürchten. Umgekehrt gilt: Ein Mitarbeiter, der genau weiß, was Sie von ihm erwarten, lässt sich sehr gerne von Ihnen kontrollieren und zeigt Ihnen das auch – denn er möchte ja stolz das vorzeigen, was er geleistet hat, und sich dafür Ihre Anerkennung abholen!

Danach fühlt sich der Mitarbeiter nicht kontrolliert, sondern unterstützt.

 Ziel und Ergebnis jeder guten Kontrolle ist Unterstützung.

Nach einer guten Kontrolle fühlt sich der Mitarbeiter geführt, unterstützt, motiviert. Er dankt es Ihnen mit höherer Leistung und mehr Sympathie. Diese Sympathie ist größer als ohne Kontrolle. Denn ohne Kontrolle macht der Mitarbeiter Fehler, auf die ihn niemand aufmerksam macht und bei deren Behebung ihn niemand unterstützt. Außerdem fehlt ohne Kontrolle ja auch das positive

Feedback: Wenn Sie einen Mitarbeiter nicht kontrollieren, können Sie ihm auch keine Anerkennung geben, wenn er erfolgreich ist.

 Tipp Konstruktive Kontrolle motiviert.

Checkliste: Richtig kontrollieren

❑ Selbst wenn Sie 4W-delegiert und ein Kontrollgespräch vorab vereinbart haben: Erwarten Sie, dass der Mitarbeiter zunächst nicht erfreut ist, wenn Sie kontrollieren. Das gibt sich jedoch schnell, wenn Sie richtig kontrollieren.

❑ Lassen Sie den Ist-Zustand der Zielerreichung kurz und schmerzlos beschreiben. Hören Sie vorwurfsfrei zu.

❑ Arbeiten Sie gemeinsam mit dem Mitarbeiter daran, wie er seine Ziele schneller, leichter und besser erreichen kann.

Checkliste: Kontrollieren Sie

❑ Erkennen und überwinden Sie Ihre Kontrollängste.

❑ Machen Sie sich mit den Kriterien konstruktiver Kontrolle vertraut.

❑ Übernehmen Sie nach und nach immer mehr dieser Kriterien in Ihr Kontrollverhalten.

❑ Wichtigste Voraussetzung für konstruktive Kontrolle: 4W-Delegation

❑ Nutzen Sie die Kontrolle als herausragendes Motivationsinstrument.

16 Lernen Sie, Kritikgespräche zu führen

Frauen und Kritik

Viele Frauen kritisieren äußerst ungern. Sie scheuen das offene Wort, wollen lieber den Frieden wahren, haben Angst vor drohenden Konflikten, vor Rechtfertigungsorgien, vor verletzenden Erwiderungen ... Wie schätzen Sie Ihr eigenes Kritikverhalten ein? Bringen Sie Missstände umgehend auf den Tisch oder schweigen Sie zu lange? Versteckt sich Ihre Kritikscheu hinter Rationalisierungen wie „Man muss ja nicht gleich grob werden" oder „Der merkt das auch von alleine, dass er sich nicht richtig verhält"? Viele Frauen haben Angst davor, Kritik zu äußern.

Die Angst, Kritik zu äußern Das ist nicht schlimm. Angst ist menschlich. Interessant ist jedoch, wie unterschiedlich Frauen mit dieser Kritikangst umgehen. Manche Frauen leben mit dieser Angst und versagen deshalb vor oder in Kritikgesprächen. Andere wiederum setzen sich mit dieser Angst auseinander. Daniela zum Beispiel sagt: „Als ich mal genauer über diese diffuse Angst vor dem Kritikgespräch nachdachte, stellte ich fest, dass ich im Grunde gar keine Angst vor dem Kritikgespräch hatte. Ich hatte lediglich Angst, weil ich keine Ahnung hatte: Wie sag ich's meinem Mitarbeiter?"

 Hinter der Kritikschwäche steckt meist die Angst, nicht die richtigen Worte zu finden.

Umgekehrt gilt: Finden Sie die richtigen Worte, verschwindet auch die Angst.

Die Sandwich-Kritik

Wer es im Leben weiterbringen will, muss Kritik formulieren können – sonst kann man nämlich nicht die Dinge ändern, die geändert werden müssen. Kritikfähigkeit ist nicht angeboren, man erwirbt sie sich. Der Erwerb beginnt mit der Erkenntnis, dass uns in Kritikgesprächen meist deshalb die Worte fehlen, weil wir kaum eine Ahnung haben, wie ein Kritikgespräch überhaupt ablaufen soll.

 Tipp Die Kurzformel für Kritikgespräche: positiver Einstieg – Kritik – positiver Ausstieg.

Das leuchtet ein, nicht wahr? Da niemand gerne kritisiert wird, sollte man nicht mit der Tür ins Haus fallen, sondern erst einmal für eine konstruktive Grundstimmung sorgen: daher der positive Einstieg. Außerdem möchten wir nicht, dass der Gesprächspartner nach dem Gespräch am Boden zerstört ist oder voller Rachegelüste von dannen zieht: daher der positive Ausstieg. Die eigentliche Kritik steckt quasi wie eine Bulette zwischen zwei Brötchenhälften. Diese Kurzformel beherrschen erfolgreiche Frauen vorbildlich. Wessen kommunikative Kompetenz noch nicht ausreicht, sollte sich zunächst der Langversion bedienen, die wir jetzt betrachten.

Checkliste: Die 7-Schritt-Kritik

1. Nehmen Sie eine positive Grundhaltung ein.

2. Wählen Sie einen positiven Einstieg.

3. Sprechen Sie den Sachverhalt in drei Sätzen an.

4. Lassen Sie Stellung nehmen.

5. Würdigen Sie die Stellungnahme.

6. Treffen Sie eine Zielvereinbarung.

7. Wählen Sie einen positiven Ausstieg.

Die positive Grundhaltung

Sie finden die 7-Schritt-Kritik etwas komplex? Das scheint nur so. Tatsächlich gehen wir alle automatisch und ganz intuitiv nach diesen Schritten vor, wenn wir nicht gerade unter Arbeits- oder Beziehungsstress stehen.

 Vertrauen Sie bei der Kritik einfach Ihrem gesunden Verstand oder Ihrem Gefühl.

Beide raten uns zum Beispiel, niemals aus akutem Zorn heraus ein Kritikgespräch zu beginnen. Anne zum Beispiel meint: „Im ersten Augenblick denke ich oft: ‚Was hat sich dieser Idiot denn bloß dabei gedacht!' Dann atme ich durch oder gehe einmal den Gang entlang, um mich zu beruhigen."

 Spontan geäußerte negative Gefühle lassen ein Gespräch eskalieren.

Heißt das, dass Sie Ihren berechtigten Zorn runterschlucken sollen? Nein. Das heißt lediglich, dass Sie sich so weit beruhigen sollen, dass Sie Ihren Zorn *konstruktiv statt vorwurfsvoll* artikulieren können. Wie artikulieren Sie negative Emotionen konstruktiv? Immer als Ich-Botschaft:

> **Formulieren Sie konstruktiv statt vorwurfsvoll!**

❑　Also nicht: „*Sie* vergessen doch jedes Mal die Tabellen zum Report!" Sondern: „*Ich* ärgere mich gerade gewaltig. Ich vermisse nämlich die Tabellen im Report."

❑　Nicht: „Was haben *Sie* sich denn dabei gedacht?" Sondern: „*Ich* verstehe das nicht: Warum ist der Auftrag noch nicht vom Tisch?"

Jeder Mensch hat seine individuelle, optimale Stimmungslage für ein Kritikgespräch. Finden Sie Ihre. Monika zum Beispiel sagt: „Vor einer Kritik sage ich mir immer: Ich bin sauer und lasse das auch den anderen wissen. Aber ich mache ihm keine Vorwürfe, sondern höre mir seine persönliche Wahrheit an."

Checkliste: Wie sind Sie drauf?

❑　Checken Sie vor jedem Kritikgespräch erst Ihre Stimmungslage.

❑　In welcher Stimmung sind Sie? Was geht Ihnen im Kopf herum? Was fühlen Sie?

❑　Bestätigen Sie sich selbst, dass diese Stimmung absolut gerechtfertigt ist.

❑　Dann fragen Sie sich, wie diese Stimmung wohl beim Gegenüber ankommt.

❑　Welche Stimmung wäre dem Gespräch förderlicher?

❑　Mithilfe welcher Gedanken bringen Sie sich in diese Stimmung?

Wählen Sie einen positiven Einstieg

An diesem Tipp beißen sich viele Kritikneulinge die Zähne aus. In Seminaren sagen die Teilnehmerinnen dann immer: „Was soll ich denn da sagen?" Ganz einfach: Versetzen Sie sich doch in die Lage Ihres Gegenübers. Dann fallen Ihnen die passenden Worte sofort ein. Denn Ihr Gegenüber:

1. fürchtet die große Abreibung,
2. ist zunächst einmal desorientiert: „Worum geht's denn überhaupt?"

Also beruhigen Sie ihn vorab erst einmal, bevor er sich künstlich aufregt, indem Sie „Geschenke bringen", also etwas Positives sagen, das in unmittelbarem Zusammenhang mit Ihrer Kritik steht:

Ein positiver Einstieg deeskaliert. Ihr Gegenüber erkennt: Aha, es geht nicht um meinen Kopf, nur um einen Fehler

❑ „Herr Meier, dass Sie den Auftrag so schnell bearbeitet haben, finde ich vorbildlich. Können wir kurz noch über die fehlenden Begleitpapiere reden?"

❑ „Frau Müller, ich finde es toll, dass Sie gleich zum Kunden geflogen sind. Lassen Sie uns darüber reden, was in Ihrer Abwesenheit hier vorgefallen ist."

Sprechen Sie den Sachverhalt in drei Sätzen an

Da Frauen so selten kritisieren, sind sie meist zu „Quartals-Kritikerinnen" geworden. Sie kritisieren selten – aber wenn sie dann doch einmal kritisieren, ist so viel zusammengekommen, dass die Liste der Kritikpunkte gar kein Ende nimmt. Das Resultat können Sie sich vorstellen: Der Kritiknehmer fühlt sich total überfahren und überfordert. Die Kritik eskaliert und scheitert.

Danach haben alle Beteiligten noch mehr Angst vor Kritik als zuvor.

 Tipp   Bitte nur ein Kritikpunkt pro Kritikgespräch.

Dasselbe gilt für den Kritikpunkt selbst: Erzählen Sie keine Geschichten. Kommen Sie zum Punkt. Drei Sätze oder weniger müssen genügen. Weniger ist mehr. Warum reden viele Frauen viel zu viel, wenn sie kritisieren? Weil sie es dem anderen recht, es ihm nicht so schwer machen wollen:

„Also so geht es nicht – obwohl ich natürlich auch Ihren Standpunkt verstehe. Aber wir müssen doch in erster Linie an den Kunden denken. Auch wenn Sie gerade viel zu tun haben."

Hä? Worum geht es denn hier gerade? Das weiß niemand. Am allerwenigsten der Kritiknehmer.

Je länger Sie reden, desto peinlicher wird es für beide. Für die Kritik in einem Satz sind vor allem zwei Eigenschaften nötig, welche erfolgreiche Frauen wie selbstverständlich aufbringen: Ehrlichkeit und Offenheit.

> **Die schonendste Kritik ist immer noch die Kritik in einem Satz**

❑ „Frau Müller, die Sendung sollte am Montag raus, ging aber erst am Mittwoch auf die Post. Sagen Sie mir den Grund dafür?"

❑ „Herr Meier, ich bin ziemlich enttäuscht darüber, dass der Report noch nicht fertig ist."

❑ „Karl, der Bürokaffee ist seit gestern alle und du bist diese Woche mit dem Küchendienst dran."

Denken Sie einfach an Ihr Gegenüber: Wie fühlt es sich behandelt, wenn Sie endlos „herumeiern", um den heißen Brei herumreden und nicht zum Punkt kommen? Ist das wertschätzend? Sicher nicht.

Lassen Sie Stellung nehmen

Kaum haben Sie Ihre Kritik in einem Satz formuliert, wird der Kritiknehmer sich verteidigen, erklären, rechtfertigen. Lassen Sie ihn. Aber begehen Sie nicht den Fehler, den viele Frauen dabei machen:

 Veranstalten Sie keine Rechtfertigungsorgie.

❏   „Das Drehteil hat zwei Mikro Toleranz, sollte aber nur eines haben.“
   „Dafür kann ich nichts! Die Teile kamen schon total versaut aus dem Säurebad.“
❏   „Aber wir haben doch klar vereinbart, dass Sie diese Abweichungen aufarbeiten müssen!“
   „Ja, aber doch nicht solche eklatanten Abweichungen!“
❏   „Warum sagen Sie das dann nicht früher?“
   „Weil doch gar nicht klar war … “

Und so weiter. Sie kennen das – hoffentlich künftig nur noch aus der Retrospektive. Deshalb:

 Gehen Sie niemals inhaltlich auf eine Rechtfertigung ein.

Denn sonst nimmt das Gespräch kein Ende und bringt doch kein Ergebnis. Kürzen Sie die ellenlange Rechtfertigung des Kritiknehmers ganz einfach ab, indem Sie würdigen.

Würdigen Sie die Stellungnahme

Würdigen Sie die Stellungnahme des Kritiknehmers. Sagen Sie ganz einfach den Zaubersatz:

 „Das kann ich verstehen."

Vielleicht müssen Sie diesen Satz zwei-, dreimal wiederholen, während Ihr Gegenüber munter weitermacht mit seinen Rechtfertigungen. Doch danach bricht Ihr Gegenüber seine Rechtfertigungslitanei ab. Denn Sie haben ihm eben gegeben, was er mit der Litanei erreichen wollte: Verständnis. Sie haben seine Sicht der Dinge gewürdigt. Allein deswegen veranstalten Menschen Erklärungsmarathons.

Treffen Sie eine Zielvereinbarung

Verkneifen Sie sich mit aller Macht, was Männer gerne auf die Spitze treiben: Reden Sie nicht über Schuldige, Problemursachen und Entschuldigungen. Streiten Sie nicht sinnlos herum.

 Fragen Sie ganz einfach: „Was können Sie tun, damit es in Zukunft anders wird?"

Verkneifen Sie sich Ihre eigenen Vorschläge: Denn diese wird der Kritiknehmer ablehnen oder nur halbherzig umsetzen. Lassen Sie ihn stattdessen seine eigenen Vorschläge vorbringen. Denn seine eigenen Ideen lehnt kein gesunder Mensch ab. Viele Frauen verknüpfen ihre Kritik ganz automatisch mit gut gemeinten Ratschlägen. Warum? Weil sie es dem Kritiknehmer leichter machen wollen. Funktioniert das? Nein. Denn der Kritiknehmer

denkt: „Erst fährt sie mir an den Karren und dann diktiert sie mir auch noch, wie ich meine Arbeit machen soll!" Geben Sie keine Ratschläge, sondern lassen Sie den Kritiknehmer Vorschläge machen, die Sie dann in eine Zielvereinbarung aufnehmen.

 Treffen Sie gemeinsam eine Zielvereinbarung: Was wird er bis wann mit welchem Ziel machen? Wann wird er Ihnen darüber berichten?

Für viele Frauen mit Ambitionen ist dieser letzte Punkt ein harter Trainingsprozess. Denn sie haben sich so an den impliziten Führungsstil, an Andeutungen und Appelle gewöhnt, dass sie Kritikgespräche wie selbstverständlich schließen mit: „Ich denke, Sie wissen jetzt, worauf es mir ankommt." Pustekuchen, weiß er nämlich nicht. Es sei denn, Sie sagen es ihm klipp und klar mit einer Zielvereinbarung. Und kommen Sie nicht mit der uralten Ausrede „Aber das muss er doch mitbekommen haben, was ich von ihm will!". Selbst wenn das stimmt (es stimmt nie) – was schadet es dann, es noch einmal klipp und klar anzusprechen?

Andeutungen ersetzen keine Zielvereinbarungen

Leider scheitern sehr viele Frauen exakt an diesem Punkt. Wenn wir in Coachings die Führungskommunikation von Frauen analysieren, dann ist es jedes Mal ein regelrechter Schock, wie unverbindlich und ungenau ihre Zielhinweise sind: „Ihr Report hat 16 Seiten. Können Sie noch ein paar auflockernde Grafiken einklinken?" Kein Wort davon, dass die Kritikgeberin 25 Seiten erwartet und dass diese 25 Seiten eigentlich von Anfang an vereinbart waren.

Wenn Sie X von Ihren Mitarbeitern erwarten, dann müssen Sie auch X mit ihnen vereinbaren – nicht andeuten!

Wählen Sie einen positiven Ausstieg

Was erwarten Sie nach einem Kritikgespräch? Dass der Kritiknehmer Ihre Zielvereinbarung einhält. Das tut er sicher nicht, wenn er frustriert das Gespräch verlässt. Also bauen Sie ihn auf:

❑ „Schön, dass wir darüber gesprochen und eine gute Lösung gefunden haben."

❑ „Wenn es Probleme mit unserer Lösung gibt, lassen Sie mich wissen, was ich für Sie tun kann."

❑ „Ihr Vorschlag gefällt mir gut. Damit ist das Problem vom Tisch."

❑ „Ich freue mich schon auf Ihren Bericht. Das wird eine gute Sache."

Checkliste: Kritisieren Sie konstruktiv

❑ Stimmen Sie sich und den Kritiknehmer positiv ein.

❑ Sagen Sie in einem Satz, was Sie stört.

❑ Würdigen Sie seine Erwiderung.

❑ Verkneifen Sie sich gut gemeinte Ratschläge.

❑ Lassen Sie Vorschläge machen.

❑ Treffen Sie eine Zielvereinbarung.

❑ Würdigen Sie das erreichte Ergebnis.

17　Mit Kritik umgehen

Unreife Reaktionen auf Kritik

Fragt man Männer, dann passen Frauen und Kritik nicht zueinander. Hier einige Männerzitate:

- ❑ „Sie verträgt überhaupt keine Kritik. Selbst bei der kleinsten Andeutung ist sie sofort stinkig."
- ❑ „Ich traue mich kaum, Feedback zu geben. Sie ist überempfindlich."
- ❑ „Man kann einfach nicht mit ihr reden. Sie reagiert sofort über."
- ❑ „Sie reibt mir ständig ihre Meinung unter die Nase. Aber wehe, ich sage ihr mal meine Meinung."
- ❑ „Ein echtes Sensibelchen."
- ❑ „So 'ne Mimose!"

Das geht so weit, dass viele Frauen, wenn der Chef oder ein Kollege einmal grußlos oder nur brummend an ihnen vorbeigegangen ist, sich fragen:

- ❑ „Was habe ich falsch gemacht?"
- ❑ „Warum ist er mir böse?"
- ❑ „Oje, er kann mich nicht mehr leiden."

Erfahrene Frauen fragen sich dagegen das Offensichtliche: „Was ist ihm denn nun wieder über die Leber gelaufen?"

Frauen vermuten hinter vielen kritischen Äußerungen sofort persönliche Angriffe und verteidigen sich vorauseilend. Nach dem Motto: „Angegriffen hat mich noch keiner – aber ich schlage schon mal zurück!" Ein Beispiel:

„Das Netzplan-Update ist schon wieder komplexer geworden."

„Aber dafür kann ich doch nichts! Die Verknüpfungen sind nun mal eben so komplex!"

Wer hat das bestritten? Wer hat ihr vorgeworfen, dass sie persönlich für die Komplexität des Netzplanes verantwortlich sei? Niemand. Trotzdem vermutet sie es, spielt die beleidigte Leberwurst und schmollt. Es ist verständlich, dass wir mit diesem Verhalten, das eher einer Zwölfjährigen entspricht, Männer abschrecken und das Arbeitsklima belasten.

Frauen nehmen selbst Unpersönliches zu schnell persönlich

 Tipp Unterscheiden Sie: Ist es ein Vorwurf oder nur eine Aussage?

Hören Sie nur das, was gesagt wurde – nicht das, was der Kritiker in Ihrem Kopf Ihnen einflüstern möchte. Als Daumenregel gilt: Vorwürfe sind nur Vorwürfe, wenn sie explizit als solche gemacht werden. „Hintenrum", indirekt und angedeutet zählt nicht als Vorwurf. Im Zweifelsfall können Sie immer noch fragen: „Was willst du damit sagen?" „Was meinen Sie damit?" „Werfen Sie mir etwas vor?"

Der Grund der Kritikschwäche

Was sagt es über Ihr Selbstvertrauen aus, wenn Sie Andeutungen als persönliche Angriffe auffassen? Sieht so das Selbstvertrauen aus, das Sie sich wünschen? Ist es das Selbstwertgefühl einer starken, selbstbewussten und selbstsicheren Frau? Wenn nicht: Arbeiten Sie daran.

Stärken Sie Ihr Selbstvertrauen so weit, dass Sie sich nicht durch jede Andeutung persönlich getroffen fühlen

Wie können Sie Ihr Selbstwertgefühl so aufpäppeln, dass Sie nicht jede kleine Andeutung aus der Fassung bringt? Zum Beispiel mit einem konstruktiven inneren Dialog: „Nun nimm das doch nicht persönlich. Er ist einfach nur sauer. Aber nicht auf dich, sondern auf den Fehler, der passiert ist. Er hat das Problem, nicht du. Also hilf ihm dabei." Oder: „Ich bin nicht mehr fünf. Ich bin nicht hilflos. Ich kann mich wehren. Und ich kann denken. Also denke ich jetzt scharf nach." Oder: „Sie kündigt dir nicht die Freundschaft auf. Sie ist nur gerade sehr emotional."

Ein besonders eklatanter Fall von Selbstsabotage ist der Frauen-Vorbehalt: „Als Frau muss man in dieser Firma eben einstecken können." Und als Mann nicht? „Natürlich ist immer die Frau im Team schuld." Wirklich niemals die Männer? Wohin führt dieses Selbstmitleid? In die Isolation. Ins geistige und soziale Ghetto. Denn diese Einstellung wird zur Selffulfilling Prophecy – einer Prophezeiung, die sich immer wieder selbst erfüllt. Frau muss nur fest genug daran glauben. Wenn es um Kritik geht, vergessen Sie, dass Sie eine Frau sind, und konzentrieren Sie sich einfach nur darauf, dass Sie ein Mensch wie jeder andere sind. Keine schlechte Vorstellung, nicht wahr?

Gewiss, diese typische Überempfindlichkeit, unter der viele Frauen leiden, ist nicht über Nacht loszuwerden. Aber haben Sie eine Wahl? Wenn Sie Ihre Wünsche wahr werden lassen wollen, dann müssen Sie einfach irgendwann diese Verunsicherung konstruktiv angehen. Denn sie bremst Sie viel zu stark.

Mit bösartigen Angriffen umgehen

Frauen sind oft etwas überempfindlich, wenn es um Kritik geht. Es gibt aber auch Kritik, die ganz eindeutig die Grenze des guten Geschmacks überschreitet:

❑ „Als Frau haben Sie natürlich davon keine Ahnung."
❑ „Frauen und Technik ... "

❑ „So kann auch nur eine Frau reden."
❑ „Mädchen, nun fang mal an zu denken!"
❑ „Geht das nicht in Ihren hübschen Kopf rein?"
❑ „Ist blond Ihre natürliche Haarfarbe?"

Stimmt, das ist blanker Sexismus. Wirklich? Wenn Sie das glauben, dann hören Sie einfach zu, wie Männer miteinander reden:

❑ „He, du dummer Sack, was soll denn die Sch... wieder?"
❑ „Nee, du bist mal wieder echt zu blöd dazu."
❑ „Herr Meier, geht das nicht in Ihren Bauernschädel rein?"
❑ „Müller, Sie sind ja völlig inkompetent!"

Nachdem man sich auf diese Weise ordentlich die Meinung gesagt hat, geht man gemeinsam ein Bier trinken. Verrückt? Sicher. Aber so sind Männer nun einmal. Brutal offen, aber sehr kumpelhaft. Der einzige Vorwurf, den frau ihnen machen kann:

 Männer verwechseln Frauen mit Männern. Sie reden mit ihnen, wie sie mit Männern reden.

Wollten wir das nicht immer? Wollten wir nicht immer wie gleichwertige Partner behandelt werden? Ja, schon, aber doch nicht so!

 Männer werden sehr schnell sehr persönlich – aber sie meinen es nicht persönlich!

Das erkennen Sie immer wieder, wenn Sie einen Mann zur Rede stellen und er daraufhin mit echter Unschuldsmiene meint: „Was? Unhöflich? Ich? Aber ich habe doch nur gesagt, dass Sie den Auftrag total versaut haben! Ist das etwa unhöflich? Nun nehmen Sie das doch nicht gleich persönlich!"

Werden Männer persönlich, ignorieren Sie es zunächst einmal. Es hat nichts zu bedeuten.

Das heißt nicht, dass Sie das auch akzeptieren müssen. Sie können jederzeit Feedback geben:

- „Ich verstehe, dass du dich aufregst – aber könntest du das ein bisschen weniger verletzend formulieren? Schließlich habe ich es nicht absichtlich gemacht."
- „Inhaltlich gehe ich mit Ihnen konform. Nur die Art, in der Sie mir das sagten, finde ich etwas schroff."
- „Ja, das müssen wir schleunigst ändern. Und wenn Sie es das nächste Mal ein wenig freundlicher sagen, dann ändere ich das umso lieber."
- „Ich hätte mich gefreut, wenn Sie das ein bisschen entgegenkommender formuliert hätten."
- „Ich akzeptiere, dass Sie das nicht unhöflich finden. Können Sie akzeptieren, dass ich es unhöflich finde? Schön."

Es gibt auch Frauen, die dagegenhalten: „Nun halten Sie mal die Luft an, mein Lieber, und spucken Sie hier keine großen Töne!" Wenn Sie das können, ohne sich zu verbiegen – tun Sie es! Männer reagieren immer noch am besten, wenn frau ihre Sprache spricht. Sie haben dann den Eindruck, dass sie zu gleichwertigen Partnern reden und nicht ständig auf die Männern verhasste Empfindlichkeit von Frauen achtgeben müssen. Orientieren Sie an einem alten Coaching-Grundsatz:

 Der Coach muss die Sprache seines Klienten sprechen.

To do In welchen Situationen fühlen Sie sich von Kritik überfordert, zu hart angegangen, persönlich getroffen? Wie reagieren Sie bislang darauf? Notieren Sie, wenn Sie möchten:

_____

_____

_____

Wie möchten Sie künftig darauf reagieren? Legen Sie sich Ihr neues Verhalten geistig zurecht. Notieren Sie:

_____

_____

_____

Spielen Sie das neue Verhalten in einer typischen Situation in Ihrem Geist so lange durch, bis es „stimmt". Dann klappt es auch, wenn die Situation tatsächlich eintritt.

Kritikblindheit

Viele Frauen verwerfen allzu harte Kritik als ungerechtfertigt, überzogen, gegenstandslos. Das passiert ganz automatisch und unbewusst, weil man verletzt ist. Trotzdem ist es ein Fehler.

 Tipp Verwerfen Sie Kritik niemals. Lernen Sie daraus.

Denn selbst hinter der unverschämtesten, ungerechtesten Kritik steckt immer ein Körnchen Wahrheit – sonst wäre die Kritik nicht gefallen!

 Blenden Sie die 99 Prozent Unverschämtheit aus und suchen Sie mit aller Kraft nach dem einen Prozent Wahrheit.

Als Wahrheit kommt oft heraus: Sachlich ist nichts dran an der Kritik – aber mein Gegenüber ist offensichtlich hoch emotional. Also finden Sie heraus, was wirklich hinter der Kritik steckt. Als Wahrheit kommt aber auch oft heraus, was andere an uns stört. Wohl jener Frau, die dieser Wahrheit offen ins Auge blicken und sich ändern kann. Denn je länger wir solches Feedback verdrängen, desto härter wird der Tag der Wahrheit und desto schwerer tun wir uns, etwas daraus zu lernen.

Checkliste: Kritik nutzen

❑   Lernen Sie, Aussagen von Vorwürfen zu unterscheiden.

❑   Verteidigen Sie sich nicht, wenn Sie niemand angreift.

❑   Lernen Sie, den rauen Umgangston im Geschäftsleben und von Männern richtig zu interpretieren.

❑   Legen Sie sich Formulierungen zurecht, mit denen Sie Feedback geben, wenn der Ton gar zu rau wird.

❑   Suchen Sie das Körnchen Wahrheit hinter jeder Kritik. Akzeptieren Sie sich mit Ihren Schwächen – und ändern Sie sich.

18   Veränderungsstrategien

Die Entwicklung der weiblichen Führungskompetenz

Wie stehen Ihre Chancen, sich das zu holen, was Sie sich wünschen? Das kommt darauf an, wie Sie sich entwickeln. Betrachten wir Frauen in Gesellschaft und Beruf, fallen drei Entwicklungsstufen auf:

1. Young Potentials haben viel Ehrgeiz, dafür jedoch wenig Ahnung, wie man tatsächlich vorwärtskommt. Viele Frauen bleiben auf dieser Stufe stehen und wundern sich ein Leben lang, warum sie es trotz hervorragender Leistungen nicht weiterbringen. Andere Frauen entwickeln sich weiter.
2. Die angepasste weibliche Führungskraft begegnet uns vor allem in Großunternehmen. Sie führt und verhält sich wie ein Mann. Einige Frauen halten das jahrelang aus. Etliche entwickeln sich weiter.
3. Die Topmanagerin oder Unternehmerin repräsentiert die Überlegenheit des weiblichen Führungsstils in Reinkultur: beziehungsorientiert, aber durchsetzungsstark; weiblich und verhandlungssicher.

Tatsächlich ist Anpassung nicht so negativ, wie sie scheinen mag. Denn sie ist ganz offensichtlich eine nützliche, wenn nicht gar nötige Übergangsphase. Viele der erfolgreichsten Frauen haben sich erst einmal angepasst, bevor sie ihren eigenen Stil entwickelt haben. Wie der Dalai Lama sagt: „Lerne die Regeln, damit du sie sinnvoll übertreten kannst." Oder wie Saskia das formuliert: „Am

Anfang bin auch ich im Nadelstreifenkostüm und mit weißer Bluse hier aufgetaucht. Inzwischen traue ich mir auch die blaue Seidenbluse zu."

 Eine Frau, die gleich die Regeln bricht, kriegt immer Ärger (dasselbe gilt auch für Männer). Eine Frau, welche die Regeln erst akzeptiert, kann sie danach brechen – die Männer tun es ja auch!

Sich erst einmal an die etwas seltsame Männer-, Gesellschafts- und Geschäftswelt anzupassen ist überdies ein hervorragendes Mittel gegen die anfängliche Unsicherheit beim beruflichen und gesellschaftlichen Vorwärtskommen: Damit macht frau nichts falsch. Anpassung fällt niemals negativ auf.

 Rebellieren Sie nicht zu früh, aber auch nicht zu spät!

Wer zu spät rebelliert, wird wie ein Mann, anstatt nur so zu tun. Das heißt: Passen Sie sich in den fünf Erfolgsfaktoren ruhig den herrschenden Männerregeln in Ihrem aktuellen Umfeld an. Danach entwickeln Sie anhand der Tipps in diesem Buch Ihren eigenen Stil und ziehen Ihr eigenes Ding durch.

Wie gehen Sie mit Hindernissen um?

Wie schnell werden Sie das bekommen, was Sie vom Leben erwarten? Das kommt darauf an, wie schnell Sie mit den Hindernissen klarkommen. Denn gleichgültig welchen Tipp Sie aus diesem oder einem anderen Buch (oder Seminar) ausprobieren: Es wird Probleme damit geben.

Wenn Sie sich zum Beispiel zum festen Vorsatz genommen haben, sich endlich besser über Ihre Chancen zu informieren, beruflich

und privat die Ohren gezielt auf neue Entwicklungsmöglichkeiten zu richten, werden Sie vielleicht feststellen, dass Sie nicht ausreichend oft, schnell und sicher auf andere zugehen können oder zu bestimmten Insider-Zirkeln noch keinen Zugang haben. Die entscheidende Frage ist: Wie reagieren Sie darauf?

Die meisten Frauen reagieren überrascht auf Widerstände.

Wie reagieren Sie auf Widerstände?

Je größer diese Überraschung ist, desto höher ist die Wahrscheinlichkeit, dass Frauen ihre Veränderungsbemühungen nach ein, zwei Versuchen einfach aufgeben – mit scheinbar triftigen Gründen:

❑ „Ach, was in diesen schlauen Büchern steht ... Die Wirklichkeit sieht eben anders aus.“
❑ „Gute Tipps, aber bei mir funktionieren sie nicht, weil ...“
❑ „Es ist mir schon klar, was ich tun müsste, aber irgendwie bringe ich das nicht.“
❑ „Eigentlich bin ich ganz zufrieden.“
❑ „Es geht auch so irgendwie vorwärts.“

Erfolgreiche Frauen verhalten sich ganz anders. Tun Sie es ihnen gleich.

Checkliste: Hindernisse überwinden

❑ Lassen Sie sich von Hindernissen und Widerständen nicht überraschen: Rechnen Sie damit! Sobald Sie etwas an Ihrem Leben ändern wollen, rechnen Sie mit Hemmnissen!

❑ Resignation ist eine kindliche Art, sich mit Widerständen auseinanderzusetzen. Wählen Sie eine reifere Art.

❑ Setzen Sie sich mit Problemen nicht resignativ, sondern konstruktiv auseinander: Was sagt Ihnen der Widerstand? Wie können Sie ihn überwinden?

❑   Überwinden Sie das Hemmnis.

❑   Versuchen Sie es so lange, bis es klappt.

❑   Machen Sie sich keine Vorwürfe, wenn es auch beim dritten Mal nicht klappt. Belohnen Sie sich lieber für Ihre Hartnäckigkeit. Scheitern ist keine Schande – Aufgeben dagegen wohl.

Mit dem Neidfaktor umgehen

Wenn Sie Ihr Leben umkrempeln, rechnen Sie vor allem mit einem Hindernis: Neid. Sobald Sie sich verändern, werden Sie bemerken,

1.   dass die Männerwelt um Sie herum große Augen macht;
2.   dass die Frauenwelt um Sie herum große Augen macht.

Für viele Frauen ist das ein Schock. Sie nehmen endlich ihr Leben in beide Hände, tun sich etwas Gutes – und sind schockiert, dass viele Menschen in ihrem alten Umfeld das gar nicht gut finden!

 Hoffen Sie nicht auf ungeteilte Unterstützung. Rechnen Sie eher damit, dass sich auch gute Freunde wundern werden, wenn Sie plötzlich nicht mehr brav im Rudel mittraben.

Rechnen Sie damit und gehen Sie überlegt mit dem Neidfaktor um. Das heißt: Achten Sie nicht so sehr auf die Frauen, die Sie angreifen, weil sie neidisch auf Sie sind. Was ist Ihnen wichtiger? Das Wohlwollen von Frauen, die einfältig genug sind, auf eine erfolgreiche Kollegin neidisch zu sein – oder Ihre eigenen Wünsche? Wollen Sie wirklich solche Frauen zu Freundinnen?

Wählen Sie weise: Welche Freunde möchte ich?

Achten Sie lieber auf jene Frauen, die Sie stumm oder offen bewundern und unterstützen, weil sich endlich eine traut, was sich alle gerne trauen würden. Und sagen Sie sich täglich fünfmal:

 „Ich kann es nicht allen recht machen – und ich will das auch gar nicht!"

Achten Sie nicht so sehr auf Männer, die sich bedroht fühlen, wenn eine starke Frau fordert, was ihr zusteht. Nur schwache Männer fühlen sich von einer starken Frau bedroht. Wollen Sie etwa den Respekt der Schwächlinge? Brauchen Sie deren Wohlwollen? Niemals. Beschäftigen Sie sich eher mit jenen Männern, die eine gleichwertige Geschäfts- oder Beziehungspartnerin suchen und schätzen. Die gibt es nicht? Natürlich gibt es solche Männer! Sie sind zwar nicht in der überwiegenden Mehrheit. Doch seit wann wollen Sie das, was alle wollen? Bei der Kleidung bevorzugen Sie doch auch Ihren eigenen Geschmack und Stil – warum also nicht auch bei Männern?

Transferhemmnis Selbstverständnis

Es ist nicht nur der Neid, der es Frauen schwer macht, ihren Weg zu gehen. Oft ist es auch die Konfrontation mit dem eigenen Selbstverständnis, die sich an allen fünf Erfolgsfaktoren fast täglich zwangsläufig ergibt: Um meine Wünsche wahr zu machen:

❑ muss ich informiert sein, das heißt auf andere zugehen – ich traue mich das aber nicht!

❑   muss ich glasklar delegieren – aber ich möchte doch nicht
    verletzend wirken!
❑   muss ich Ziele vereinbaren – aber irgendwie passt das nicht zu
    mir!

Solche Gedanken bringen etwas ans Tageslicht, das jeder Mensch
lieber im Dunkeln lassen würde: das eigene Selbstverständnis. Wer
bin ich? Wie sehe ich mich? Wie sehe ich meine Rolle als Frau? Wie
müsste ich mein Rollenverständnis verändern, wenn ich meine
Wünsche wahr machen möchte? Wie sieht diese neue Frau aus?

**Wenn Anspruch und
Selbstverständnis
nicht zusammen-
passen**

Dabei kommt heraus, dass viele Frauen zwar laut über die
Männergesellschaft klagen, dabei aber immer noch im Kopf
haben, dass eine Frau sich zurückhaltend und pflegeleicht zu
verhalten habe. Da passen Anspruch und Selbstverständnis offensichtlich nicht zusammen. Dieser Widerspruch veranlasst viele
Frauen dazu, ihre Ansprüche aufzugeben (und weiter über die
Männer zu klagen). Erfolgreiche Frauen veranlasst der Widerspruch dagegen, sich täglich neu mit ihrer Rolle als Frau auseinanderzusetzen. Oder wie es Lisbeth, berufstätig und alleinerziehende
Mutter von drei Kindern, ausdrückt: „Wenn die Frau von heute
ihren Fünfjährigen zum Kundentermin mitnehmen muss, weil der
Babysitter verpennt hat, dann muss die Frau von heute das eben.
Ich habe damit keine Probleme."
Hatte der Kunde Probleme damit? Nein, denn Lisbeth schlich nicht
mit einer Entschuldigung herein, sondern eben wie eine Frau von
heute: „Der Babysitter hat verpennt. Ich dachte, bevor Sie noch
länger auf die Vorteile unserer neuen Telefonanlage warten müssen, nehme ich Bastian lieber mit – oder stört Sie das?" Lisbeth
sagt: „Zeigen Sie mir den Mann, der daraufhin Ja sagt, und ich
zeige Ihnen einen Mann, mit dem ich keine Geschäfte machen
will." War Lisbeth schon immer so entschlossen? „Nein. Ich habe
zwar nie so sein wollen wie meine Mutter, aber nachdem ich
heulend vor Wut über meine Abhängigkeit von Unterhalt, Babysit-
tern und dem Wohlwollen meiner Freunde zu Hause saß, merkte
ich, dass ich im Grunde genauso war wie meine Mutter. Ich spielte

dieselbe Rolle der hilflosen Maid, die auf den Ritter in glänzender Rüstung wartet. Da habe ich meine Rolle umgeschrieben. Jetzt gefällt sie mir besser."

Was möchten Sie im Leben erreichen? Passen Ihre Wünsche zu Ihrem aktuellen Selbstbild? Was passt nicht? Was möchten Sie ändern – Ihre Wünsche oder Ihr Rollenverständnis? Wie müssten Sie Ihr Selbstverständnis ändern? Wann? Wie werden Sie sich dafür belohnen?

Durchschauen Sie Doppelmoral

Ein weiteres Hindernis auf dem Weg ins richtige Leben ist die Doppelmoral. Wenn ein Mann sich holt, was ihm zusteht, wird er bewundert; eine Frau wird getadelt. Wenn Sie klug sind, überrascht Sie das nicht.

 Rechnen Sie mit der Doppelmoral.

Als Sonja zum Beispiel mit dem nagelneuen Mercedes SLK an der Gartenwirtschaft vorfährt, sagt ein weitläufiger Bekannter zu ihr: „Na, hat dir dein neuer Freund seinen Sportwagen geliehen?" „Nein, das ist mein eigener." Der Bekannte schaut sie an, als ob sie gerade seine Potenz beleidigt hätte (hat sie auch – aus seiner Sicht). Einem Mann hätte er die Frage nie gestellt.

Wenn ein Manager auf seinem Schreibtisch ein Bild von seiner Familie hat, dann ist er ein treu sorgender Familienvater. Dasselbe Bild auf dem Schreibtisch einer Managerin bedeutet, dass sie sich von Familiärem ablenken lässt, keine Managerin, sondern eine Mutter und zu weich für das Business ist. Wird ein Mann neuer

Bereichsleiter, hat er sich hochgedient. Wird es eine Frau, hat sie sich hochgeschlafen.

Genau diese Doppelmoral hält viele Frauen davon ab, sich das zu holen, was sie sich wünschen. Wenn Sie diese latente Furcht vor dem bösen Geschwätz auch bei sich ahnen oder spüren, fragen Sie sich:

Was ist Ihnen mehr wert: Die Meinung der Leute oder Ihr eigenes Glück?

Die Antwort ist durchaus offen. Akzeptieren Sie jede der beiden möglichen Antworten. Denn in beiden Fällen werden Sie sich sicherer mit Ihrer Entscheidung fühlen.

Setzen Sie Prioritäten

Möglicherweise sind Sie etwas überwältigt von der Fülle des Veränderungsbedarfs, den Sie im Laufe der Buchlektüre an sich entdeckt haben. Vielleicht haben Sie herausgefunden, dass Sie nicht gut genug informiert sind, um sich Ihre Wünsche zu erfüllen. Dass Ihre Delegationskompetenz zu wünschen übrig lässt und Ihre Führungskommunikation zu indirekt ist. Dass Sie zu wenig konfliktstark und präsent sind und zu wenig Eigen-PR betreiben. Und vielleicht noch einiges mehr. Falls Sie es nicht längst schon gemacht haben: Wo und womit fangen Sie an?

 Fühlen Sie sich nicht von der Fülle Ihres Veränderungsbedarfs überwältigt. Setzen Sie Prioritäten.

Das ist eine der wichtigsten Übungen für Business und Leben überhaupt: Prioritäten setzen. Wer sich überwältigt fühlt, hat einfach nur vergessen, Prioritäten zu setzen. Von fünf Dingen sind niemals alle gleich wichtig, auch wenn sie alle gleich wichtig *scheinen*. Erkennen Sie die Prioritäten. Denn was nützt es Ihnen, wenn Sie Ihr Delegationsverhalten entscheidend verbessern, aber

die neue Position nicht bekommen, die Sie sich wünschen, weil Sie einfach zu wenig Eigen-PR betreiben?

To do Meine Prioritäten

Machen Sie für jeden Wunsch eine eigene Prioritätenliste. Mein Wunsch für diese Prioritätenliste ist:

_____

Um diesen Wunsch zu erreichen, benötigen Sie bestimmte Komponenten der fünf Erfolgsfaktoren. Bitte teilen Sie diese objektiven Anforderungen danach ein, ob Sie die Voraussetzungen erfüllen (Stärken) oder noch nicht in ausreichendem Maße (Schwächen):

To do Voraussetzungen für die Wunscherfüllung

Stärken   Schwächen

_____   _____

_____   _____

_____   _____

_____   _____

z.B. Ein Beispiel dazu. Vera wünscht sich zurzeit, eines der hochkarätigen Hightech-Forschungsprojekte in ihrem Unternehmen an Land zu ziehen. Sie identifiziert dafür vier Prioritäten:

❑ Informationen über die geheimen Entscheidungs-riten im Topmanagement
❑ Hervorragende Eigen-PR
❑ Gesundes Durchsetzungsvermögen, wenn es um die interne Bewerbung geht
❑ Schutz ihrer eigenen guten Ideen zu den Projekten

Die ersten beiden Anforderungen erfüllt sie. Bei den beiden letzten hapert es doch sehr: Sie steckt zu viel ein, wenn es hart auf hart geht. Und sie plappert noch zu viele ihrer guten Ideen gedankenlos aus, sodass ihre Konkurrenten sie klauen können. Was fängt Vera mit diesen Stärken und Schwächen an?

Die Stärken-Schwächen-Strategie

Viele Frauen begehen den strategischen Fehler, ihre Schwächen beseitigen zu wollen. Als mildernde Umstände kann geltend gemacht werden, dass dieser unsinnige Rat in vielen Büchern und Seminaren gegeben wird. Wie unsinnig er ist, wissen Sie im Grunde selbst: Würden Sie Ihrer einmetersechzig großen 18-jährigen Tochter raten, gehörig zu trainieren, wenn sie beim Basketball im Angriff spielen will? Nein, denn mangelnde Körpergröße gleicht niemand durch Training aus.

 Tipp Es ist unsinnig, aus Schwächen Stärken machen zu wollen. Denn erstens klappt das nie und zweitens vernachlässigen Sie darüber, Ihre Stärken auszubauen: Das bringt viel mehr!

Viel sinnvoller ist es, bereits vorhandene Stärken so zu nutzen, dass damit Schwächen mehr als kompensiert werden. Einige der besten Spielmacher der Welt sind zum Beispiel kleine Leute. Also sollte die Tochter als Center spielen und nicht unterm Korb, wo die langen Mädels aufgestellt sind.

Stärken Sie Ihre Stärken so, dass Sie damit Ihre Schwächen kompensieren. Und arbeiten Sie so an Ihren Schwächen, dass diese zwar nicht zu Stärken werden (das können und brauchen sie nicht), aber wenigstens keinen Schaden mehr anrichten.

Wenn Sie also zum Beispiel bei Präsentationen keine gute Figur machen, dafür aber in Gesprächen unter vier Augen jeden Kollegen glatt an die Wand argumentieren können, dann bauen Sie Ihre Argumentationsstärke so aus, dass Sie damit klar die Nase vorn haben – und belegen Sie so lange Präsentationstrainings, bis Sie wenigstens eine passable Präsentation halten können. Denn dieses Ziel kann jeder erreichen.

 Eine Schwäche wird selbst unter übermenschlichen Anstrengungen keine Stärke. Aber mit etwas Training wird sie immer zu einer passablen Fähigkeit.

Lernen Sie dazu

Welche Ziele Sie auch immer verfolgen: Lernen Sie dazu! Solange Sie weiterlernen, werden Sie Ihre Ziele irgendwann auch erreichen. Alle Frauen, die ihre Ziele nicht erreichen, haben irgendwann aufgehört dazuzulernen.

Sonja zum Beispiel wollte eigentlich schon immer ins Marketing. Doch als Germanistin stehen die Chancen schlecht: 30 Absagen in einem Jahr. Wie reagiert Sonja darauf? Indem sie zu lernen aufhört: „Nichts zu machen, bleibe ich eben in meinem Lektorat."

Ihre Kollegin dagegen versucht, selbst aus dieser hoffnungslosen Situation etwas zu lernen: „Warum sagen alle ab? Weil du keine Marketingerfahrung mitbringst? Dann besorg dir doch welche! Assistiere unserem Marketingleiter, bewirb dich als Projektleiterin für ein Marketingprojekt, übernimm als freie Texterin Aufträge für Agenturen, bei denen du arbeiten möchtest!"

Solange Sie Enttäuschungen und Rückschläge als Lernaufforderungen interpretieren, besitzen Sie eine Erfolgsgarantie.

19   Self-Coaching für Frauen

Hilf dir selbst!

Seit dieses Buch zum ersten Mal erschien, haben es Tausende Leserinnen – und erstaunlich viele Männer – gelesen, seine Tipps ausprobiert, sich bei Vorträgen, Seminaren, Coachings und Workshops mit mir darüber ausgetauscht.

Eine Frage, die dabei mit quälender Regelmäßigkeit auftaucht, ist: **Wenn Sie unter** „Was mache ich, wenn ich unter Druck gerate? Wenn ich **Druck geraten** angegriffen werde?" Schön, dass der Verlag uns Gelegenheit gibt, anlässlich der aktualisierten Neuauflage diese belastenden Fragen in diesem neu eingefügten Kapitel zu klären.

Wie reagieren Sie, wenn es Stress gibt?

 Betrachten wir zum Beispiel Lea, 34, Projektgruppenleiterin in einem mittelständischen Unternehmen. Zwei ihrer Projekte haben einen wichtigen Meilensteintermin verfehlt. Ihr Boss sagt: „Bekommen Sie das noch in den Griff oder muss ich jemand anders damit betrauen?" Eine unverhohlene Drohung: „Mädel, reiß dich zusammen, sonst mach ich jemand anders zum Gruppenleiter!" Die betroffenen beiden Projektleiter sagen: „Können wir doch nix dafür! Wir haben einfach zu wenig Zeit, Budget und Leute für unser Projekt!"

Erfahrene Führungsfrauen nennen das auch: Sandwich-Dilemma. Von oben macht der Boss Druck, von unten die Projektleiter – und dazwischen wird Lea aufgerieben. Wie reagiert sie? Sie vertraut sich erst einmal Sigrid an, Abteilungsleiterin und gute Freundin:

„Warum sah ich das nicht kommen? Jetzt muss ich eben ranklotzen. Überstunden, Wochenendarbeit!" Menschliche Reaktion? Absolut! Warum kommt Lea dann zwei Wochen später ins Coaching, weil sie wie viele andere Frauen genau diese menschliche Reaktion loswerden will?

Frau Münchhausen zieht sich aus dem Sumpf

Lea findet es nicht gut, wie sie unter Druck reagiert. Ihre Freundin Sigrid spart nicht mit offenen Worten: „Typisch du! Kaum gibt es Druck, badest du in Selbstvorwürfen (‚Warum sah ich das nicht kommen?') und willst die Suppe ganz alleine auslöffeln! (‚Überstunden!')." Lea gibt ihr unumwunden Recht: „Immer wenn es Stress gibt, spiele ich automatisch den Sündenbock und Feuerlöscher. Das macht mich emotional fertig! Und die Gesundheit leidet auch. Ganz zu schweigen davon, dass ich mich für jeden zum Depp mache!"

> **STOP** Wir alle haben unsere reflexhaften Stressreaktionen, die ein Problem vielleicht beheben, uns aber letztendlich mehr schaden als nutzen.

Warum muss es immer die Frau sein, welche die Suppe auslöffelt, Überstunden macht, die Vermittlerin zwischen den Fronten spielt? Warum muss sie sich dabei immer erst in Selbstvorwürfen zerfleischen oder im eigenen Perfektionismus ertrinken?
Frauen im Stress brauchen keine konditionierte Spontanreaktion, sondern eine konstruktive Erstintervention, eine erprobte Münchhausen-Methode, um sich am eigenen Schopf aus dem Sumpf zu ziehen (ohne sich dabei die Haare auszureißen). Genau dafür wurde Coaching erfunden – genauer: Self-Coaching. Seine sieben Schritte betrachten wir nun gemeinsam.

Erster Coaching-Step: Mach mal (Denk-) Pause!

Wie ist Leas erste Reaktion auf die Stressattacke? Sie macht sich erst einmal Vorwürfe und bürdet sich danach allein die ganze Last der Fehlerbehebung auf. Das empfindet sie als sehr bedrückend. Also versucht sie es mit dem ersten Schritt vom Self-Coaching:

 Wenn Sie merken, dass der Stress Sie packt (Feuchte Hände? Verkrampfter Magen? Welches sind Ihre Stresssymptome?), schalten Sie innerlich bewusst auf Achtsamkeit um. Legen Sie mit willentlicher Anstrengung eine Denkpause ein. Das heißt eine Pause zum Denken. Denken Sie nach. Hinterfragen Sie Ihre eigene Spontanreaktion: Was sind das für körperliche Symptome? Was denke ich da gerade? Was fühle ich? Was wird in meinem Hinterkopf geflüstert? Würdigen Sie diese spontanen Gedanken, Empfindungen und Gefühle. Je expliziter und dezidierter, desto besser. Viele erfahrene Frauen begrüßen diese Phänomene tatsächlich im inneren Dialog wie alte Freunde: „Hallo Angst! Grüß dich Krampfmagen!" Die Wirkung: Alles Unbewusste, das bewusst gewürdigt wird, verliert binnen Sekunden seine belastende Qualität. Denn sobald es wahrgenommen wird, hat es ja seinen Zweck als inneres Warnlicht erfüllt!

Hört sich vernünftig an? Nicht für die meisten Frauen. Sie würdigen ihre Gefühle nicht, sie bekämpfen sie: „Nun mach dir doch nicht schon wieder ins Hemd! Und nimm was gegen das Sodbrennen!" Natürlich ist die Idee bestechend: Bekämpfe, was dich stört! Leider ist wissenschaftlich erwiesen, dass Gedanken und Gefühle umso mächtiger werden, je heftiger wir sie bekämpfen. Was jede Frau bestätigen kann, die schon einmal versucht hat,

Schlaflosigkeit zu bekämpfen mit: „Nun schlaf doch endlich ein, blöde Kuh!"

Wann brauchen Sie einen Coach? Wenn Self-Coaching so gut ist, warum gibt es dann überhaupt noch Coachs? Weil mancher Sumpf so tief ist, dass Frau Münchhausen eher der Zopf reißt, als dass sie sich selbst aus dem Sumpf befreien kann. Beide Coaching-Ansätze sind keine Rivalen, sondern sinnvolle Ergänzungen.

 Versuchen Sie erst, sich selbst zu helfen. Selbst ist die Frau. Wenn Sie jedoch bei einer der sieben Coaching-Steps das Gefühl haben, in der Sackgasse zu stehen, sich im Kreis zu drehen, oder wenn die hochkommenden Emotionen einfach zu belastend für Sie sind – dann hilft der (auch telefonische) Gang zum Coach weiter. Sofern es ein guter Coach ist, in diesem Fall selbstredend ein weiblicher.

Zweiter Coaching-Step: Hilft mir das wirklich?

Nachdem Sie Ihre inneren Phänomene achtsam wahrgenommen und gewürdigt haben, hinterfragen Sie diese: Hilft mir das wirklich weiter? Okay, so fühle ich – aber sollte ich diesem Gefühl folgen? Ist Angst ein guter Ratgeber? Was kostet es mich, wenn ich blind diesen Gedanken nachgebe? Möchte ich die Konsequenzen dafür wirklich tragen? Wie angemessen sind diese Gedanken und Gefühle?

Lea zum Beispiel kommt zu dem Ergebnis: „Okay, ich habe Panik – ich bin auch nur ein Mensch. Aber wenn ich dieser Panik nachgebe, arbeite ich jetzt fünf Wochenenden durch. Erstens macht das mich kaputt, zweitens meine Beziehung und drittens sieht es nach außen doch so aus, als ob ich allein an allem schuld bin!" Lea hat etwas Entscheidendes dazugelernt:

Gefühle sind zum Fühlen da – nicht unbedingt zum Befolgen!

Es ist menschlich, Gefühle und Gedanken zu haben. Es ist gesund, Stressgefühle als solche zu fühlen (statt zu verdrängen). Aber das heißt nicht, dass Sie tun sollen, was diese Stressphänomene Ihnen raten!

Exkurs: Sie hassen Schemata? Ich auch!

Wenn Sie schon nach dem zweiten Coaching-Step Magengrimmen verspüren, weil Sie sich ungern in Schemata pressen lassen: So geht's mir auch!

STOP Dass Self-Coaching systematisch organisiert ist, heißt noch lange nicht, dass Sie diesem Schema sklavisch folgen müssen!

Es gibt viele Frauen, die bedanken sich sichtlich bewegt für die „tolle Orientierung, die mir das Schema gibt – jetzt weiß ich immer, was als Nächstes kommt!". Es gibt aber genauso viele Frauen, die sich „in keine Schublade stecken lassen" wollen. Prima! Dann nutzen Sie Self-Coaching eklektisch: Wann immer Sie das Gefühl haben, dass Sie nicht so schnell so weit kommen, wie Sie eigentlich wollen, überfliegen Sie schnell und oberflächlich die sieben Phasen. Viele Seminarteilnehmerinnen berichten mir. „Ich ertappe mich ständig dabei, wie ich ausgerechnet Phase 1 vergesse!" Oder: „Ja, klar, jetzt sehe ich es auch: Ich habe mir nie wirklich Gedanken um die Ist-Situation gemacht!"

Dritter Coaching-Step: Wie sieht die Ist-Situation aus?

Beschreiben Sie als Nächstes die Ist-Situation so, wie sie ein unbeteiligter, aber interessierter Dritter beschreiben würde. Fragen Sie sich: Abgesehen von meinen Gedanken und Gefühlen – wie stellt sich die Situation mal ganz sachlich betrachtet dar? Lea sagt: „Zwei Meilensteine wurden um drei Tage verfehlt. Der Boss ist stinkig. Die Projektleiter mosern. Auf der anderen Seite: Was sind schon drei Tage! Außerdem ist der Boss zweimal die Woche übellaunig. Und die Projektleiter jammern doch dauernd! So sieht's aus!"

Das ist noch keine Lösung. Doch schon bei dieser schonungslos sachlichen und völlig emotionsfreien Situationsbeschreibung fühlt Lea deutlich: „Jetzt habe ich die Situation langsam wieder im Griff – anstatt andersherum!"

Vierter Coaching-Step: Optionen auflisten und bewerten

Wie wollte Lea ursprünglich das Problem lösen? „Überstunden, Wochenendarbeit!" So geht's natürlich auch. Aber gibt es noch andere Optionen? „Oh, verflixt", meinte Lea im Coaching, bevor ich sie mit der Methode des Self-Coaching vertraut gemacht hatte. „Daran hatte ich gar nicht gedacht. Mensch, bin ich blöd?" Lass die Selbstvorwürfe, Mädchen. Wir Frauen sollten uns weder gegenseitig noch selber runterputzen – das machen sehr ergiebig schon die Männer.

STOP Fallen Sie nicht auf die erstbeste Lösung herein! Entscheiden Sie sich erst für eine Lösung, wenn Sie alle denkbaren Optionen kurz aufgelistet und bewertet haben!

Lea bewertet wie folgt: „Ich könnte natürlich abwarten und Tee trinken. Bei den folgenden Projektabschnitten holen die Projekte den Rückstand sicher auf. Doch das könnte man mir als Untätigkeit auslegen. Deshalb sollte ich auf jeden Fall nochmals mit den Projektleitern reden, die Effizienz der Projekte verbessern und möglicherweise noch ein oder zwei Hilfskräfte abstellen. Und diese Interventionen schmiere ich dann dem Boss brühwarm aufs Brot!"

Fünfter Coaching-Step: Aktivieren Sie Ressourcen!

Als Lea mit mir über ihre Optionen-Abwägung sprach, fiel mir spontan ein: Typisch Frau! Will es immer noch alleine stemmen! Hebt sich fast einen Bruch – aber macht sich eher Selbstvorwürfe, warum sie das nicht schafft, anstatt an das Naheliegende zu denken!

Sie sind keine Solistin!

Ich versuchte, das Naheliegende so sanft wie möglich ins Gespräch zu bringen: „Möchten Sie nicht auch mal mit Ihrer Mentorin reden? Was sagen die alten Projekthasen zu Ihrem Problem? Wer von den anderen Projektleitern könnte Sie unterstützen? Welche Teammitglieder können Ihnen weiterhelfen?"

STOP Männer schieben alles erst auf andere ab – und reklamieren den Erfolg dann für sich. Frauen machen alles erst einmal alleine – und zerbrechen auf Dauer an der Last.

Fragen Sie sich: Bevor ich wieder mal alles alleine mache: Wer oder was könnte mich unterstützen? Was brauche ich zur Problemlösung? Was davon kann ich schon und welche Fähigkeiten sollte ich mir erst noch aneignen? Wo? Wann? Wie? Wie intensiv?

Sechster Coaching-Step: Planen Sie Ihr Vorgehen!

Nichts gegen Spontaneität. Doch wer zuverlässig und nachhaltig Erfolg haben möchte, sollte sich Gedanken um sein Vorgehen machen. Frau setzt doch auch nicht einfach so Kinder in die Welt und überlegt sich nach der Geburt dann erst einmal, wie so ein Kind überhaupt großgezogen, gefüttert und gepflegt wird! Okay, Männer machen das so. Doch das steht hier nicht zur Debatte.

Lea plant: „Also erst mal kämme ich alte Projektberichte durch. Das sind wunderbare Fundgruben für genau solche Situationen. Dann rede ich mit unserer grauen Eminenz für Projektkrisen. Dann kommen die Teammitglieder dran. Dann die Projektleiter. Zuletzt der Boss. Fehlt noch was?"

Siebter Coaching-Step: Umsetzen und evaluieren!

Danach setzt Lea ihre Vorhaben in die Realität um. Nach zwei Tagen sagt sie: „Das haut alles nicht hin! Die alten Berichte sind unergiebig und unsere graue Eminenz ist ein verkappter Chauvi! Ich geb's auf!" Nein!

STOP Wenn's nicht hinhaut, werfen Sie die Flinte unter keinen Umständen ins Korn!

Wie John Lennon sagte: „Life is what happens, while you make other plans." Das Leben läuft nicht nach Plan! Oder wie der alte Patton meinte: „Planung ist alles – der Plan ist nichts!" Selbstverständlich müssen wir planen. Aber wir müssen genauso selbstverständlich damit rechnen, dass das Leben nette kleine Überraschungen parat hält. Dann: Nicht aufgeben, sondern evaluieren! Lea

evaluiert: „Das haut offensichtlich nicht hin! Warum nicht? Was kann ich besser machen? Welches sind die Alternativen?" So wird ein Schuh draus.

Geben Sie auf sich acht!

Als ich Leas Self-Coaching in der Rohfassung einer guten Freundin zeigte, sagte diese spontan: „Lea ist eine tolle Frau! Wie die sich selbst behandelt! So gehe ich nicht mit mir um! Ich kritisiere mich pausenlos!"

Da wäre zum Beispiel die innere Kritikerin. Außerdem gibt es da **Identifizieren Sie Ihre** noch die innere Skeptikerin, Zweiflerin, Defätistin, Perfektionistin, **inneren Schwestern!** Es-allen-recht-Macherin, die Glucke, die Sich-selbst-Aufopfernde … Wen finden Sie noch in Ihrem Innern? Identifizieren Sie Ihre inneren Schwestern. Dann nehmen Sie einen Rollenwechsel vor: Keifen Sie sie nicht von Schwester zu Schwester an, sondern verhalten Sie sich wie ein großer, starker, humorvoller Bruder. Dieser sagt zum Beispiel zur inneren Kritikerin nicht: „Nun hör endlich mit dem Genörgel auf!" So reden kleine Schwestern. Der große Bruder aber sagt: „Na, da nimmt es aber eine sehr genau! Ich weiß doch, wie wichtig dir das ist. Aber vertrau mir: Das kriegen wir schon hin!"

 Führen Sie beim Self-Coaching den inneren Dialog stets vorwurfsfrei, respektvoll, wohlwollend, fürsorglich! Auch wenn es Sie am Anfang fast umbringt! Das ist nur so, weil es ungewohnt ist. Doch es tut fast augenblicklich unheimlich gut!

Wenn Ihnen die Bruder-Metapher nicht gefällt, dann nehmen Sie als innere Führungsrolle eben die gütige Mutter oder ein anderes Rollenbild, das Ihnen entspricht. Zugegeben, angesichts der ewigen Selbstzerfleischung selbst der erfolgreichsten Frauen ist das

nichts, von dem Sie und ich erwarten dürfen, dass Sie es morgen schon beherrschen.

Es dauert ein ganzes Leben, ein Mensch zu werden.

Der Weg zu einem achtsamen und respektvollen Umgang mit sich selbst und damit zu einem unerschütterlichen Selbstvertrauen ist ein lebenslanger. Doch die ersten atemberaubenden Erfolge spüren Sie oft binnen weniger Minuten. Immer wieder erlebe ich weibliche Coachees, die im Coaching beim Praktizieren eines wertschätzenden inneren Dialogs feuchte Augen bekommen und berichten: „Das war das erste Mal, dass ich meine innere Zweiflerin nicht innerlich angebrüllt oder weggedrückt habe. Tut das gut! Ich fühle mich zehn Kilo leichter!"

Die Coaching-Prinzipien

❑   Coaching ist zwar auch Technik (7 Steps, s.o.), aber noch viel mehr Geisteshaltung: Ich gehe unter allen Umständen und vor allem unter Stress äußerst achtsam und fürsorglich mit mir um! Vielleicht nicht so sehr, weil ich davon überzeugt bin, dass ich es verdient habe (wer ist schon so überzeugt von sich?). Sondern weil ich mir das selbst schuldig bin. Oder weil ich aufhören möchte, mir selbst das Leben schwer zu machen. Welches ist Ihr Grund, fürsorglich zu sich selbst zu sein?

❑   Kleiner Tipp: Behandeln Sie sich so, wie eine ideale beste Freundin Sie behandeln würde!

❑   Führen Sie den inneren Dialog wie einen guten äußeren: Sie brüllen äußere Kritiker doch auch nicht an oder schubsen sie weg! Also warum die innere Kritikerin schlecht behandeln?

❑   Beobachten Sie das, was in Ihrem Innern abgeht. Urteilen Sie nicht spontan darüber à la: „Du kneifst ja schon wieder!" Beschreiben Sie es bloß: „Aha, ich verspüre den Drang, mich am liebsten vor dieser Aufgabe zu drücken."

Kein Mensch handelt ohne Absicht

❑   Würdigen Sie die Absicht aller „inneren Schwestern" – selbst wenn Sie die jeweilige Absicht auf Anhieb nicht erkennen können, zum Beispiel: „Du bist wütend? Worüber denn? Du

weißt es nicht? Aber du möchtest mir bestimmt etwas damit sagen. Okay, was es auch ist: Danke, dass du mich auf meine Wut aufmerksam gemacht hast." Die erleichternde Wirkung ist nach etwas Übung deutlich spürbar.

❑ Beachten Sie jedes, aber auch wirklich jedes Ihrer inneren Phänomene. Also nicht: „Unbehagen? Ich habe jetzt keine Zeit für Unbehagen! Ich muss mit einem Kunden verhandeln!" Sondern: „Liebes Unbehagen, ich stecke gerade voll im Stress. Kannst du mir sagen, worum es geht? Nicht? Okay, versprochen: Wenn der Kunde weg ist, reden wir darüber." Sie schmunzeln? Richtig: Innere Schwestern verhalten sich exakt wie äußere: Redet frau vernünftig mit ihnen, verhalten sie sich auch vernünftig – jedenfalls sehr viel häufiger, als wenn frau sie anzickt.

❑ Verzeihen Sie sich jeden Fehler! Jeden! Ohne Fehler gibt es keine persönliche Entwicklung. Ihre innere Perfektionistin mag aber keine Fehler verzeihen? Wie schön! Was sagt sie denn? Wovor möchte sie Sie damit schützen? Aha. Ist das nicht nett von ihr? Unterhalten Sie sich mit ihr: Sie lässt mit sich reden!

Geben Sie sich eine zweite Chance! Und eine dritte, vierte, fünfte …

❑ Egal, für wie bescheuert Sie sich gelegentlich halten: Selbst Ihr störendstes Verhalten (Perfektionismus, Everybody's Darling, Lampenfieber …) hat einen tieferen Sinn, einen versteckten Zweck. Regen Sie sich also nicht über sich selbst auf, sondern ergründen Sie gemeinsam mit Ihren Schwestern diesen versteckten Zweck, den sogenannten Sekundärnutzen.

❑ Vergessen Sie den Einwand: „Aber ich habe doch überhaupt keine Zeit für Self-Coaching!" Sie haben offensichtlich Zeit, diesen Vorbehalt zu denken – also haben Sie auch Zeit für Self-Coaching, indem Sie zum Beispiel denkend erwidern: „Für alles und alle habe ich Zeit, nur für mich nicht? Ist der Wert, den ich mir selbst zumesse, wirklich so gering?" Das war's schon! Das war ein Ultrakompakt-Coaching: Besser kurz als gar nicht! Es sind die kleinen Gedanken, welche die großen Veränderungen in Gang bringen. Und je mehr Sie sich auf sich

selbst einlassen und sich ehrlich mit sich selbst befassen, desto stärker verschwindet auch das Zeitproblem.

❑   Spüren Sie das, was beim Self-Coaching hinter den vordergründigen Phänomenen abläuft: Sie coachen sich selbst! Wow, das ist klasse!

Es wächst nur, was gepflegt wird!

❑   Sie können sich gut und gerne um sich selbst kümmern! Sie sind stark, Sie entdecken ungeahnte Ressourcen, ein nie gekanntes Feeling für die eigene Identität. Sie behandeln sich respektvoll. Sie wachsen. Sie finden immer stärker zu sich selbst. Ihr Selbstwertgefühl wächst, blüht und gedeiht. Und ganz nebenbei werden Sie eine immer bessere Führungskraft.

In diesem Sinne: Kümmern Sie sich gut um sich! Weil Sie es sich wert sind.

20   Endlich oben – und was nun?

Oben bleiben und genießen

Wenn Politiker und Medien über „Die Frauenquote" reden, bekomme ich manchmal den Eindruck, dass das ganze leidige Problem von Frauen im Beruf gelöst wäre, sobald es nur genügend Frauen dank Quote „geschafft haben". Im Gegensatz zu Politikern und Medien versichern mir jedoch Frauen, die es „geschafft haben", dass frau es eben nicht geschafft hat, wenn sie es „geschafft hat":

Aufgestiegen? Schau dich um!

❑ „Nach oben kommen ist anstrengend – oben bleiben mindestens genauso."
❑ „Ich habe mir meine neue Position anders vorgestellt."
❑ „Aufstieg ist toll – aber meine anderen Träume und Wünsche leiden etwas."

> **STOP** Oben angekommen treffen Frauen auf neue Herausforderungen, was nicht schlimm ist. Schlimm ist, wenn frau sich davon überraschen lässt.

Das passiert leider oft. Viele konzentrieren sich so darauf, sich in die neue Sachaufgabe einzuarbeiten, dass sie die positionsbezogenen Herausforderungen, also die typischen Rahmenfaktoren der neuen Aufgabe ignorieren, vernachlässigen oder bagatellisieren:

Vorsicht, Frauenfalle!

- ❑ Sie erkennen Machtspielchen zu spät, durchschauen sie zu spät und stellen sich zu spät oder falsch auf sie ein.
- ❑ Sie vergessen, ihr Terrain zu sichern, und werden damit leichte Beute von StuhlsägerInnen, NeiderInnen und IntrigantInnen.
- ❑ Sie leisten viel, vermarkten ihre Leistung aber wenig, lassen Team und Kollegen den Vortritt bei der Profilierung.
- ❑ Sie melden im Gegensatz zu Männern weitergehende Karrierewünsche nicht oder nicht vehement genug an – was neben dem ausgeprägten Konkurrenzverhalten der Männer für die sogenannte Glass Ceiling, die Glasdecke, verantwortlich ist.
- ❑ Sie klopfen gierigen Kollegen nicht auf die Finger, sondern echauffieren sich über deren Unverschämtheit – und das ständig und immer wieder.
- ❑ Sie lassen sich als fleißige Hochleisterinnen ausnutzen, während die lieben Kollegen häufig halblang machen, sich dafür aber besser vermarkten, mehr Privilegien genießen und weiter aufsteigen.

STOP Frauen sind oft zu „dienstleistungsbereit" und zu wenig für die eigenen Interessen engagiert.

All diese für Frauen oft überraschenden und immer unangenehmen Widrigkeiten haben in den letzten Jahren zu einem, so finde ich, schockierenden Phänomen geführt, das von der öffentlichen Meinung konsequent unter den Teppich gekehrt wurde: Da schaffen es tatsächlich einige Frauen in tolle Führungspositionen, Politik und Medien feiern sie gebührend – und ein, zwei Jahre später verschwinden sie sang- und klanglos wieder in der Versenkung, weil sie sich „das nicht mehr antun müssen". Eines ist sicher: Jeder Mann hätte das. Er hätte das gute Gehalt genommen und es sich eben „angetan". Wussten wir's doch: Frauen sind die besseren Menschen. Ehrlich, aufrichtig, an der Sache und nicht am fetten Spesenkonto interessiert. Männer prostituieren sich leichter für Status, Macht und Boni.

Ich beglückwünsche jede Frau, die eine Position aufgibt, weil sie sich nach reiflicher Überlegung „das nicht länger antun" möchte. Aus meiner Erfahrung als Coachin weiß ich jedoch: Bei den meisten fehlt diese reifliche Überlegung. Sie steigen in die neue Position auf, freuen sich zwei Monate, werden dann von Herausforderungen überrascht, mit denen sie nicht gerechnet hatten – und machen dann einen Rückzieher oder leiden unter der neuen Position. Nicht weil sie sich das nicht länger antun möchten, sondern weil sie sich nie richtig darauf eingestellt haben. Davor möchte ich Sie bewahren:

Frauen: zu ehrlich fürs Big Business?

 Spätestens nachdem Sie oben angekommen sind: Denken Sie an die nötige strategische Absicherung Ihrer Position, Ihr Eigenmarketing und Ihre berufliche und persönliche Weiterentwicklung. Gedanklich nicht stehenbleiben! Bitte weiterdenken!

Woran sollten Sie denken?

Bitte dran denken: Absichern!

Spätestens wenn Sie eine (weitere) Karrierestufe erklommen haben, sollten Sie sich Gedanken darüber machen, wie es weitergehen soll.

Wie soll es weitergehen?

 Sie müssen nicht endlos Karriere machen!

Weiter aufsteigen oder nicht? Diese Überlegungen dürfen und sollten Sie ruhig ergebnisoffen anstellen. Sie müssen nicht weiter aufsteigen, logisch. Aber Sie müssen sich auf jeden Fall absichern. Leni zum Beispiel sagt: „Die Abteilung zu leiten reicht mir. Die Energie und die Zeit, die ich bräuchte, um noch weiter zu

kommen, investiere ich lieber in Partnerschaft und Familie." Das hört sich logisch an? Nicht viele Frauen bedienen sich dieser Logik. Sie ist aber nötig, damit Sie Ihre Karriere steuern – und nicht umgekehrt. Im umgekehrten Fall frisst der Job Sie langsam auf, sabotiert Ihre Leistungsfähigkeit und vernichtet Zeit und Energie, die Sie eigentlich in andere Träume wie Freizeit, Beziehung, Familie und persönliche Entwicklung stecken wollten: Job frisst Frau. Nicht, weil er ein Krümelmonster wäre, sondern weil viele Frauen ohne Plan oben ankommen. Wie zum Beispiel Michaela.

z.B. Michaela sprüht nur so vor Ideen und kann auch ihre KollegInnen damit begeistern. Als ihr alter Abteilungsleiter in den Ruhestand geht, ist sie die automatische Wahl für dessen Nachfolge. Alle applaudieren. Michaela freut sich. Nach der ersten Arbeitswoche erzählt sie ihrem Beziehungspartner: „Ich fasse es nicht! Meine Ideen, die vorher allen gefallen haben, werden jetzt von fast allen abgelehnt. Bloß weil ich jetzt ihre Vorgesetzte bin? Wenn ich's mir recht überlege, ergeht es mir gerade wie meinem Vorgänger, der deshalb in den vorgezogenen Ruhestand ging: Die haben ihn am Ende auch alle boykottiert! So habe ich mir das nicht vorgestellt! Ich hätte gut Lust, zum Quartalsende zu kündigen und mir was anderes zu suchen!" Ihr Freund, selber Projektleiter im Anlagenbau, schaut sie entgeistert an und sagt ... Was sagt er?

Sie haben ein ganzes Buch zum Thema gelesen. Raten Sie doch mal: Was sagt Michaelas Freund? Was würden Sie Michaela raten? Geben Sie sich ein paar Sekunden Zeit zum Nachdenken. Dann lesen Sie, was der Freund von Michaela sagte.

Er sagte: „Du spinnst wohl! Das kommt nicht in Frage! Glaubst du, die jubeln dir zu, bloß weil du befördert wurdest oder gute Ideen hast? Das reicht nicht mehr! Wenn du deren Vorgesetzte sein willst, dann musst du deren Commitment und Begeisterung erst

Es reicht nicht, Chefin zu werden

gewinnen. Das ist nicht Folge, sondern Voraussetzung für deine neue Position! Die folgen dir doch nicht, bloß weil du befördert wurdest! Du musst dir den nötigen Respekt erst verschaffen!" Wie machen das Männer?

Männer haben dasselbe Problem, verschaffen sich jedoch den nötigen Respekt, indem sie mit der Faust auf den Tisch hauen, mit überlegenem Fachwissen beeindrucken oder ganz einfach den Boss rauskehren: „Ihnen schmeckt's nicht, dass ich jetzt Ihr Vorgesetzter bin? Vielleicht schmeckt es Ihnen besser, wenn ich Sie rauswerfe!" Das können Frauen nicht? Falsch.

Das können Frauen sehr wohl. Ich kenne Führungsfrauen, die ganz wunderbar auf den Tisch hauen oder den Big Boss herauskehren können. Viele machen das nicht, weil es ihnen zu hart oder zu männlich ist. Das ist schön: Wähle deinen Weg! Egal welchen – aber wähle! Als Michaela das kapiert und erst mal zehn Minuten überlegt hat, auf welche ihr entsprechenden Art und Weise sie sich den nötigen Respekt verschaffen möchte, sagt sie bei nächster Gelegenheit zur nächsten sich verweigernden Mitarbeitergruppe: „Okay, meine neue Idee schmeckt euch nicht. Kann ich verstehen. Ist neu, ist ungewohnt. Wie können wir die Idee so verändern, dass ihr euch damit anfreunden könnt?" Der älteste der Mitarbeiter und zugleich ihr schärfster Kritiker sagt: „Endlich gehst du auf uns ein! Es ist ein Unterschied, ob du als Kollegin oder als Chefin eine Idee hast. Bei der Kollegin reden wir automatisch mit, aber bei der Chefin wissen wir nicht, ob das okay ist. Schön, dass du es uns endlich sagst!" Michaela ist baff: „Die sind ja gar nicht gegen mich! Die wussten bloß nicht, wie offen ich für Vorschläge bin!" Und warum wussten die das nicht? Weil Michaela es „vergessen" hatte zu sagen. Und wegen dieses Versäumnisses hätte sie fast ihren Job gekündigt!

Dem hinter diesem Versäumnis liegenden Missverständnis sitzen sehr viele Frauen im Beruf auf. Sie denken: „Bloß weil ich jetzt Chefin bin müssen mir alle automatisch folgen – und mich auch noch sympathisch finden!" So denkt natürlich keine bewusst. Sondern unbewusst. Führen heißt deshalb auch: sich selbst führen,

Verschaff dir den Respekt, den du verdienst!

sich selber auf die Schliche kommen. Herausfinden, was unbewusst im eigenen Kopf vorgeht. Selbst Vorzeige-Frauen müssen das:

„Ich musste die Erfahrung machen, dass es nicht reicht, der Chef zu sein, sondern dass man eine Mannschaft für sich gewinnen muss, um seine Ziele zu erreichen." Christiane zu Salm, ehemalige MTV-Chefin, im Interview des ZEITmagazins

Sich selber auf die Schliche kommen: Michaela hatte dafür ihren Beziehungspartner als Unterstützung, Christiane zu Salm kam selber drauf – wie steht es mit Ihnen? Wenn wir in einer neuen Position ankommen, brauchen wir etwas, das uns hilft, unseren unbewussten Führungsirrtümern auf die Schliche zu kommen; ein Coaching. Wenn ich das nicht selber kann oder möchte (siehe auch Kapitel 19) – wer coacht mich? Habe ich eine Mentorin? Sollte ich mir eine externe Coachin suchen? Führe ich zur Reflexion meiner unbewussten Gedanken ein Führungstagebuch? Tausche ich mich im Frauennetzwerk mindestens einmal die Woche über führungsrelevante Fragen aus?

Viele Frauen kommen erst zu mir ins Coaching, wenn ihnen ihre neue Position verleidet ist, wenn sie nicht damit zurechtkommen oder wenn bereits Mitarbeiter mosern und Vorgesetzte drohen. Das ist reichlich spät. Warum so lange warten? Warum so lange unnötig leiden? Das Leben ist zu kurz dafür. Es ist auch zu kurz für ein anderes Phänomen, in das Frauen geraten, sobald sie aufsteigen: Spiele.

Spiele und Sprache der Männer

Männer spielen gerne

Erika ist Group Product Managerin. Sie bekommt einen neuen Chef. Der Haken: Der alte Chef war ihr Unterstützer. Er hat ihr

den Rücken freigehalten, wenn ihre männlichen Kollegen übergriffig wurden. Plötzlich muss Erika sich selbst wehren. Das findet sie anstrengend. Männer oft nicht. Für sie ist Konkurrenz ein Spiel wie Fußball. Sie spielen es gerne und mit Begeisterung. Frauen ermüdet das Spiel eher, weil es sie von der „eigentlichen Arbeit" abhält und ihrer Meinung nach die Beziehungen belastet. Und so ermüdet sehen sie dann auch bald aus: Mundwinkel auf Schulterhöhe, siehe Angela Merkel. Was sah „das Mädchen", wie Altkanzler Kohl sie nannte, früher fröhlich und gut gelaunt aus!

 Die oft übersehene Herausforderung oben: Wie meistere ich die allgegenwärtige spielerische Konkurrenz, das Stühlesägen, das gegenseitige Übertrumpfen, den Erfolgsklau, den Profilierungszwang und den Erfolgsdruck?

Jetzt wird's hässlich

Meistern? Das ist für viele Frauen erst mal nachrangig. Vorrangig regen sie sich über diese „unnötigen" Spielchen von Kollegen, Kunden und Vorgesetzten auf. „Quotenfrau" sagte mal ein Kollege über Regine Stachelhaus, eine der wenigen Frauen in einem Dax-Vorstand – während Regine in Hörweite stand. „Und besorgen Sie fürs nächste Partner-Meeting ein paar Hostessen. Aber nicht so hässliche wie beim letzten Mal", weist ein Vorstand mal eine Einkaufsleiterin an: Die Frau als schmückendes Beiwerk, die Einkaufsleiterin „hätte ihm fast den Kaffee an den Kopf geworfen", wie sie hinterher empört sagt. „Schau dir die Bissgurke an!", raunt ein Kollege dem anderen zu, während die Kollegin, die ein besonders heikles Change-Projekt mit Nachdruck durchsetzte, vier Stühle weiter am Meeting-Tisch sitzt. Solche Nickligkeiten sind Alltag. Wie soll frau das meistern?

„Wenn mir so etwas zu Ohren kommt, kläre ich das",
sagt Regine Stachelhaus im Interview des Magazins der
Süddeutschen Zeitung: „Ich bitte jeden, der so redet, in
mein Büro, und dann wird das unter vier Augen
besprochen. Egal, ob Mann oder Frau – die ja manchmal
schlimmer redet als jeder Mann." Sie fügt hinzu: „Danach müssen Sie das einfach zu den Akten legen und
vergessen. Neid, Missgunst und üble Nachrede sind im
Übrigen keine Phänomene, die Sie nur in den Chefetagen
finden."

Ich mag das auch nicht, wenn Männer so despektierlich über und
mit Frauen reden. Keine Frau – und kein anständiger Mann! – mag
das. Aber wenn ich den ersten spontanen Abscheu überwunden
habe, erinnere ich mich daran:

 Männer reden anders! Was als frauenfeindlich ankommt, ist in der Regel lediglich konkurrenzorientiert
gemeint.

Wenn Frauen sich über „die Männer" und ihre Sprüche aufregen,
sie mit Verachtung strafen oder von oben auf sie herab schauen,
dann denke ich mir: Die müssen das noch lernen. Natürlich: Die
Männer auch.

 Die guten Männer sind sehr dankbar für Hinweise wie:
„Das kam jetzt bei mir nicht wirklich gut an – bei
Frauen generell nicht." Die lernen das auch schnell.

Aber auch Frauen müssen das lernen, zum Beispiel: Was aggressiv
klingt, ist meist nicht so gemeint. Bestes Beispiel ist ein typischer
Kumpelgruß von Männern: „He, du altes Arschloch, lebst du auch
noch?" Das klingt geradezu nach Körperverletzung – für Frauen.
Der angeredete Mann fasst das nicht so auf, sondern im Gegenteil

als Zeichen der Wiedersehensfreude und Kumpelhaftigkeit. Männer sind vielleicht nicht mehr die groben Kerle wie noch vor 40 000 Jahren – aber sie reden noch so.

 Schön ist, wenn Männer die Frauensprache und Frauen die Männersprache verstehen und sprechen lernen. Eine schöne Aufgabe.

Das ist die erste Aufgabe: Lern die Fremdsprache des anderen Geschlechts kennen! Die zweite Aufgabe: Präge die Sprach- und damit die Denkkultur in deinem Führungsfeld! Elvira, die Gruppenleiterin, sagt zum Beispiel zu Horst: „Horst, diesen Ausdruck benutzen wir hier drin nicht!" Horst guckt zwar leicht düpiert, aber da er ein Mann ist, akzeptiert er eine klare Ansage – spätestens nach der zweiten Erinnerung: so lernen Menschen. Frauen haben damit oft ein Problem: „Aber das muss ihm doch auch klar sein, ohne dass ich es sage!" Nö. Schlicht: Nö. Das ist der kleine Unterschied zwischen Mann und Frau.

Oder: „Aber solche Ausdrücke muss er sich doch abgewöhnen, ohne dass ich ihm das ein halbes Dutzend Mal sage!" Nö. Kein Kind lernt den Dreisatz aufs erste Mal. Kein Erwachsener die Tennisrückhand bei der ersten Ballberührung. Repetitio mater est studiorum, wie die Lateinerin sagt: Wiederholung ist die Mutter allen Bemühens.

Erziehe deine Männer!

 Beklagen Sie sich nicht über die Marotten der Männer! Bewegen Sie sie! Und Bewegen heißt Wiederholen. Im Job nennt man das Personalentwicklung oder Coaching. Das steht übrigens auch in Ihrem Job-Profil …

Leider haben wir bei der Entwicklung Erwachsener oft recht viel Mühe, siehe das 40 000 Jahre alte Problem: Wie ändere ich meinen Mann? Dafür gibt es viele Gründe, zum Beispiel:

STOP Männer boykottieren eine Frau als Vorgesetzte nicht, weil sie eine Frau ist, sondern oft, weil sie wie eine Frau redet: zu wenig klare Ansagen!

Männer brauchen klare Ansagen. Frauen mögen und machen das deshalb auch selten, weil sie gerne beziehungsorientiert und kollegial führen. Das kommt bei Frauen an. Männer dagegen interpretieren das Fehlen klarer Worte als Führungsschwäche – und lehnen die Frau ab. Nicht wegen ihres zweiten X-Chromosoms, sondern wegen ihrer Sprache. Aber wie kann frau es Frauen und Männern gleichermaßen rechtmachen? Das ist einfach. Unsere Sprache bietet genügend Möglichkeiten.

MG> Welche Sprache spricht dein Kind? Dein Mann? Dein Mitarbeiter?

Elvira sagt zum Beispiel vor Entscheidungen immer: „Was meint ihr dazu?" Das gefällt Frauen – und auch Männern. Aber wenn die Diskussion ausufert, dann sagt sie auch mal: „Leute, jeder hat seine Meinung dazu gesagt – und wir haben immer noch keinen Entschluss. Deshalb treffe ich jetzt die Entscheidung und erwarte, dass ihr die auch so umsetzt." Ein klares Wort. Elvira kann beides. Sie redet beide Sprachen: Mann und Frau. Diese Sprachkenntnis ist Voraussetzung für Erfolg in guten Jobs: Beherrsche die Fremdsprachen alle Beteiligten. Was ist mit der Sprache der Alpha-Tiere?

Frau versus Alpha-Tier

Alpha-Tier frisst Frau?

Im Coaching höre ich oft: „Mein Chef ist total unmöglich! Gegen ein echtes Alpha-Tier hat eine Frau eben keine Chance!"

z.B. Tamara, Bereichsleiterin, sitzt im Meeting. Ihr Geschäftsführer sagt: „Macht mal Vorschläge!" Kaum macht eine(r) den Mund auf, unterbricht der Geschäftsführer ihn oder sie – und redet unaufhörlich. Hinterher beschwert er sich: „Was seid ihr für Luschen? Von euch kommt ja nichts! Nicht mal von euch Mädels und ihr

habt ja sonst auch immer den Mund offen!" Tamara und ihre Kollegin finden das unmöglich. Als ein Kollege einwendet: „Wie sollen wir was sagen, wenn Sie uns dauernd unterbrechen?" reißt der Chef ihm fast den Kopf ab. Alpha-Tier. Was fängt frau mit so einem an?

Viele Frauen resignieren. Das ist die schlechteste Lösung. Die beste ist: Change it, love it or leave it. Resigniert ist frau nur, wenn sie sich nicht im Klaren ist über ihre Strategie. Tamaras Kollegin ist nicht resigniert. Sie wählt als Strategie Leave it: „So einen muss ich mir nicht antun. Ich schaue mich um und in drei Monaten bin ich weg." Tamara wählt Change it: „Ich hab schon unter vier Augen mit ihm geredet. Er meint selber, dass er es manchmal übertreibt und hat gebeten, dass wir dranbleiben an dem Thema." Wenn sich trotzdem nichts ändert? Dann wählt Tamara Love it: „Wenn er wieder loslegt, stelle ich auf Durchzug. Ich bin Bereichsleiterin – ich habe genug Freiräume, in die er mir nicht reinregieren kann." Jede dieser drei Strategien ist besser als Resignation: Wählen Sie!

Wähle deine Alpha-Strategie!

Und sperren Sie die Ohren auf! Wie frau mit Alpha-Tieren und anderen Vorkommnissen in der neuen Position umgeht, das wissen die erfahrenen KollegInnen auf Ihrer Ebene am besten. Reden Sie mit ihnen – und ziehen Sie von den guten Ratschlägen, die sie oft geben, deren Eigeninteressen ab. Oft stolpern Frauen über Dinge, die jedem anderen auf dieser Hierarchieebene längst klar sind. Solche Wissenslücken sind vermeidbar. Spielen Sie also insbesondere in der Anfangszeit Ihre weibliche Kontaktstärke aus. Reden Sie mit den Leuten und vergraben Sie sich nicht bloß in Ihre neue Aufgabe, weil Sie es besonders gut machen wollen! Das können Sie nicht, wenn Sie nicht mit den KollegInnen reden. Austausch bringt wertvolle Information – und Spaß.

Sprich auch mit Männern!

Und genau der sollte nicht zu kurz kommen. Den Eindruck habe ich oft: Frauen versuchen mit typisch weiblichem Perfektionismus es allen recht zu machen, alle Rollen unter einen Hut zu bringen und 150 Prozent zu leisten. Das ist gut, das ist löblich. Aber Sie sollten nicht bis zum drohenden Burnout warten, um sich zu

Haben Sie Spaß!

fragen: Ist das alles, was ich will? Wo bleibe ich? Wo bleibt meine Arbeitsfreude? Was bringt mir Spaß am Beruf? Eine gute, täglich aktualisierte Antwort auf diese Frage ist die beste Motivation, der stärkste Treibstoff für ein langes und erfülltes Berufsleben – und gleichzeitig dringende Voraussetzung für das größte anstehende Abenteuer von Frauen im Beruf.

Das größte Abenteuer

Stolz, ein Mensch zu sein?

Man muss nicht das Orakel zu Delphi sein, um zu sehen, dass der Kapitalismus alter Prägung gescheitert ist. Tschernobyl, Lehman, Fukushima, Griechenland, dazu die aktuelle Burnout-Epidemie, die Zerstörung der Umwelt, der drohende Untergang vieler Inselstaaten wegen des steigenden Meeresspiegels, Millionen Ritalin-Kinder in den westlichen Nationen … Wir können als Menschheit nicht wirklich stolz auf uns sein. Viele Männer sehen das inzwischen auch so. Aber sie sind zu schwach.

Hilf dem schwachen Geschlecht!

Wenn wir die Irrungen unseres Wirtschaftssystems abbremsen oder gar beenden wollen, müssen mehr Frauen in verantwortliche Positionen. Nicht wegen der Frauen-Quote oder der Leistungsgerechtigkeit. Das auch. Aber vor allem, um die Welt zu retten. Klingt pathetisch, ich weiß. Aber wer sollte es tun, wenn nicht wir?

Eine schöne neue Welt

Wenn wir unseren Kindern eine lebenswerte Welt hinterlassen und vor unserem eigenen Gewissen aufrecht dastehen wollen, müssen wir lauter mitreden, die Hebel stärker in die Hand nehmen, unseren Einfluss stärker geltend machen. Wir sind es unseren Kindern schuldig. Und der Welt. Und uns selbst. Es geht dabei nicht gegen die Männer. Es gibt inzwischen viele, die das System ändern wollen. Aber alleine schaffen sie es nicht. Auch Angela Merkel alleine nicht. Sie braucht uns. Die Welt braucht uns. Wir können eine neue schaffen. Eine bessere, gerechtere, menschenfreundlichere, mit intakter Natur. Wir können das, wenn wir das wollen und uns geschickt dabei anstellen.
Sind Sie dabei?

Stichwortverzeichnis

Ziffern
4W-Delegation 97, 246

A
Ablehnung, Angst vor 87, 102, 138
Absichern 291
Abwesenheits-Trick 79
Aggressionen 162 f.
Alltagsdiskriminierung 185, 193
Andeutungen 125, 256
–, typische 128
Anerkennung 175, 202
Angriffe, bösartige 260
Angst
–, unbewusste 242
–, vor Ablehnung 87, 102
Ängste 49, 205
Anpassung(s-) 265
-druck 133
Anweisungen 125
–, Kann- 98
–, Muss- 98
Arbeitsteilung,
geschlechterspezifische 78
Attributionsverhalten 202
Auf-den-Tisch-hauen 144
Aufmerksamkeit 29
Aufnahmeritual 225
Aufstieg(s-) 182
-wunsch 183
Ausdrucksfähigkeit 102
Äußerung, implizite 101

B
Baby-Trick 80
Bagatell-Trick 79
Barriere, persönliche 189
Befehlston 68
Beförderung 200
Beziehungen,
Lüge mit den langfristigen 54
Beziehungsorientierung 155
Blödjobs 117, 190
Botschaften, indirekte 99
Bürospiele 225
Business-Lüge 54

C
Chaos 84
Charme 29

Check,
–, Coaching- 210
–, Konstruktivitäts- 210
–, Projektions- 210
–, Realitäts- 210
Churchill 105
Coaching(-) 277 ff.
-Prinzipien 286

D
Delegation(s-) 90 ff.
–, 4W- 97
–, Klebe- 107
–, Problem- 110
–, Rück- 95
-gewinn 116
-verhalten 115
(Des-)Information 53
Dialoge, innere 217
Dilemma, weibliches 131
Diskriminierung 185
Doppeldeutigkeit 229
Doppelmoral 229, 271
Du-Botschaften 145

E
Ehrlichkeit 64
Eigen-PR 195
Eigenverantwortung 111
Einstellung, harmonieorientierte 139
Einzel-
-interesse 169
-ziele 113
Emotionen 161
Entscheidungsverhalten,
teamorientiertes 168
Ethik 62
–, Lügen- 62
„Everybody's Darling" 31, 130

F
Faultier-Trick 79
Fehler-Trick 80
Fleck, blinder 126
Frauenklatsch 25
Führungsposition, Frauen in 290
Führungsstil,
–, beziehungsorientierter 151
–, indirekter 125
–, weiblicher 123

G
Gegenleistung 42
Gehaltserhöhung 200
Gestik 214
Glaubenssätze 103, 185
   –, hinderliche 188
Grenzen 20, 30
Größenwahn-Trick 80
Grundhaltung, positive 250
Gruppeninteresse 169
Gutmütigkeit 77

H
Harmonie-
   -sucht 138
   -Vorbehalt 195
Hexenverbrennung 151
Hilflosigkeit, gespielte 234
Hindernisse 266

I
Ich-Botschaften 163
Ideen(-)
   –, gute 35 ff.
   -klau 39 f.
   -räuber 42
Identifikation 171
Identität 133
Idiot, nützlicher 88
Idioten-Trick 79
Information(s-)
   –, offene 35
   -stärken 67
   -taktik 69
Integrität, persönliche 171
Interesse 28
   –, Einzel- 169
   –, Gruppen- 169
   -abwägung 140
Ist-Situation 282

J
Jammern 108

K
Kann-Anweisung 98
Karriere-
   -killer 201
   -knick 209
   -lüge 61
   -Talk 26, 71
   -verweigerung 180
Kindheitsmuster 44
Klarheit 105
Klartext 101

Klatsch 25
Klebe-Delegation 107
Kollegenschweinerei 80
Kommunikation,
   –, indirekte 41
   –, Meta- 115
Konflikt(-) 136 ff.
   -fähigkeit 148
   -kompetenz 148
   -technik 154
   -verhalten, männliches 143
   -vermeidungs-Bekenntnisse 142
   -versagen 146
Konfrontation 44
Konkurrenz(-)
   –, gesunde 164
   -denken 164
   –, das kranke 164
Konstruktivitäts-Check 210
Kontrolle,
   –, destruktive 243
   –, gute 244
   –, konstruktive 244 ff.
Kontrolletti 241
Kontroll-Lücke 241
Körper-
   -haltung 214
   -sprache 214
Kritik(-) 248
   –, Reaktionen auf Kritik 258
   –, Sandwich- 249
   -blindheit 263
   -gespräche 248
   -schwäche 259

L
Lüge(n-)
   –, Business- 54
   –, mit den langfristigen Beziehungen 54
   -Ethik 62

M
Macht 188
Management, quantitatives 160
Männer-
   -klatsch 25
   -lügen 58
   -sprache 294 ff.
„Mannweib" 132
Mäuschen-Delegation 91
Menschen, nützliche 197
Mentor(en-) 206
   -schaft, funktionelle 207
Meta-Kommunikation 115

Missverständnisse 129
Mitarbeitermotivation 158
Mitleid 93
Münchhausen-Hypothese 56, 58
Münchhausen-Methode 278
Muss-Anweisung 98
Mutterinstinkt 109, 233

N
Nacharbeiten 109
Naivität, gespielte 233
Neidfaktor 268
Nein
    –, bedauerndes 82
    –, klares 82
    –, mit Einblenden 82
    –, mit retournierter Ausrede 82
Netzwerke 205

O
Opfer(-)
    -Delegation 93
    -haltung 94

P
Pauschal-
    -imperative 129
    -urteile 185
Perfektionismus 196
Perfektionisten-Trick 80
Persönlichkeitsbildung,
    vernachlässigte 185
Präsenz 197
Prioritäten 272
Projektions-Check 210

Q
Quartals-Cholerikerin 136

R
Reaktionsreife, mangelnde 185
Realitäts-Check 210
Rechtfertigung 255
Reise-Trick 80
Rück-
    -delegation 95
    -schläge 209

S
Sabotage-Gedanken 218 ff.
Sandwich-Kritik 249
Schuldkomplex 201
Selbst-
    -beschränkung 181
    -bezichtigung 201
    -vernachlässigung 140

-verständnis 269
-vertrauen 201 ff.
verwirklichungs-Motive 184
Self-Coaching 277 ff.
Sexappeal 232
Sprachstil 133
Stärken-Schwächen-Strategie 274
Status 226
Stinkwut 163

T
Trick,
    –, Abwesenheits- 79
    –, Baby- 80
    –, Bagatell- 79
    –, Faultier- 79
    –, Fehler- 80
    –, Größenwahn- 80
    –, Idioten- 79
    –, Perfektionisten- 80
    –, Reise- 80
    –, Zeitlupen- 80

U
Über-
    -griffe 30
    -stunden 182
Unschuldsvermutung 56
Unternehmenspolitik 221
Unterschätzung 203
Unzufriedenheit 182

V
Veränderung 114
Verantwortungs-Rückdelegation 111
Verhandlungsklima 71
Vernunft, der Stimme 217 ff.
Verzicht 32
Vorwürfe 40

W
Waffen einer Frau 232
Wahrheit(s-) 53
    -gehalt 230
Wahrnehmungsverzerrung 201
Werte 27
Widerstände 267
Witze, frauenfeindliche 137

Z
Zeitlupen-Trick 80
Ziel(-)
    –, lohnendes 184
    -kommunikation 91
    -vereinbarung 168, 255
    -vorgabe 168

Über die Autoren

Cornelia Topf ist seit 1988 selbstständige Trainerin und Coach, mehrfache Bestseller-Autorin sowie Geschäftsführerin der Unternehmensberatung *metatalk* in Augsburg.

Kontaktdaten

metatalk Kommunikation + Training
Dr. Cornelia Topf
Weichselweg 1
86169 Augsburg
Telefon: 08 21-70 48 82
E-Mail: info@metatalk-training.de
www.metatalk-training.de

Rolf Gawrich ist Management- und Business-Coach sowie Geschäftsführer der Unternehmensberatung *Translimes* in Bonn.

TRANSLIMES
Dr. Rolf Gawrich
Guardinistraße 26
53229 Bonn
Tel.: 02 28 - 48 35 76
Fax: 02 28 - 48 58 31
E-Mail: r.gawrich@translimes.de
Homepage: www.translimes.de